W0360378

Vandana Shiva

Victoires d'une Indienne contre le pillage de la biodiversité

Depuis 1979, la Scop **Terre vivante** vous fait partager ses expériences en matière d'écologie pratique : jardinage bio, habitat écologique, alimentation saine et bien-être... à travers :
- l'édition de livres pratiques,
- le magazine *Les 4 Saisons du jardin bio*,
- un Centre écologique proposant des stages pratiques,
- un portail internet, www.terrevivante.org

Le catalogue des ouvrages publiés par **Terre vivante** est disponible sur simple demande et sur internet.

Terre vivante, domaine de Raud, 38710 Mens.
Tél. : 04 76 34 80 80. Fax : 04 76 34 84 02. Email : info@terrevivante.org
www.terrevivante.org

Conception graphique : Véronique Lefebvre
Mise en pages : Nadine Aymard
Coordination éditoriale : Fabienne Hélou
Photogravure : C'limage

Isbn : 978-2-36098-043-7
© Terre vivante, Mens, France, 2011
Tous droits de traduction, de reproduction et d'adaptation par tous les moyens, tant actuels que futurs, strictement réservés pour tous pays.

DANGER
LE PHOTOCOPILLAGE TUE LE LIVRE

Lionel ASTRUC

Vandana Shiva

Victoires d'une Indienne contre le pillage de la biodiversité

terre vivante

À Nina.

Remerciements

Cette biographie ressemble aux portraits photographiques grand format qui, lorsqu'on s'en approche, sont en réalité composés d'une mosaïque d'autres visages. Petits paysans du Kerala et anciens ministres, activistes globe-trotters et militants locaux, figures médiatiques et témoins exigeant l'anonymat : chacun imprime au portrait de Vandana Shiva une touche de couleur, une ombre ou une étincelle dans le regard. Comment remercier tous ceux qui ont façonné cet ouvrage ? S'il est impossible de dresser ici une liste exhaustive, certains m'ont apporté une aide particulièrement précieuse.

Celle qui est au centre de ce livre a dû, pendant mon enquête en Inde, supporter ma présence en permanence, assaillie par un flot de questions auxquelles elle n'a pu répondre que grâce à son excellente mémoire.

Son frère et sa sœur, Kuldip et Mira, m'ont patiemment ouvert les portes de leur vie avec une spontanéité dont je leur sais gré.

Parmi le cercle des intimes qui entoure Vandana Shiva, je dois remercier son médecin ayurvédique Sudha Asokan, ses amis, notamment Maya Goburdhun, Kiran Badhwar, et certains des enseignants qui ont accompagné son enfance, Harjeet Lali et Pabra Ahluwalia.

Les compagnons de lutte qui contribuent au développement de Navdanya ont aussi ajouté leur pierre à l'édifice, qu'ils soient permanents comme Riitha Balsabar et Darwan Singh, ou simples volontaires comme Carries et Matt.

Parmi les nombreux témoins qui ont répondu à mes questions autour de l'usine Coca-Cola de Plachimada, je veux remercier tout particulièrement Pradip pour son accueil chaleureux, ainsi que la famille Muraly, mais aussi l'activiste Bijoy, fin connaisseur de cette affaire.

Je n'oublie pas que cette aventure indienne a commencé en France, dans le Trièves, grâce à la confiance de mon éditrice, Claire Groshens.

Enfin, j'avoue ici que mon fils de trois ans utilise le nom de Vandana Shiva pour s'inventer des histoires dans sa chambre sous mon regard embarrassé. Un fait qui en dit long sur la place prise par ce sujet dans les conversations familiales. Nina, Gaspard, Romy, merci !

PRÉFACE

Depuis 1998, Vandana Shiva et moi nous nous rencontrons régulièrement. Elle vient soutenir les luttes menées en France, je me rends moi-même parfois en Inde et nos chemins se croisent partout où notre combat commun nous mène à travers le monde. La désobéissance civile et la non-violence font partie des principes auxquels nous sommes tous les deux très attachés. Je l'ai particulièrement constaté lorsque j'ai rejoint Vandana à Plachimada, dans le Kerala (Inde du Sud) en 2004, pour soutenir le combat des villageois contre l'usine Coca-Cola[1], qui asséchait leurs réserves en eau et polluait leurs cultures. Là-bas, la lutte des femmes et des petits paysans offre l'exemple frappant d'une population défendant son environnement, quel que soit le prix à payer, quitte à faire un *sit-in* pendant deux ans devant les portes de l'usine dans l'indifférence générale ou à se faire emprisonner pour avoir manifesté. Ces femmes analphabètes, issues de basses castes, ont finalement eu gain de cause contre une multinationale dont les moyens sont sans limites. Cela confirme une fois de plus la puissance insoupçonnée de la non-violence.

1 Combat raconté dans les préambules aux chapitres de ce livre.

Plus largement, je suis, comme Vandana, inspiré par la pensée gandhienne dans son ensemble. Gandhi propose un véritable projet de société qui est notamment exposé dans un petit livre méconnu en France appelé *La République des villages*. J'ai lu ce livre à l'occasion d'une de mes visites à Vandana Shiva, au cours de laquelle je devais donner une conférence à propos de ma vision de Gandhi et de l'agriculture. Dans le contexte actuel, où l'écologie se tourne vers la relocalisation et la résilience, ce livre est parfaitement d'actualité. Il recommandait à l'époque à chaque territoire d'assurer son autosuffisance, en particulier pour le coton (vêtements) et l'alimentation, tout en conservant une grande solidarité et des échanges avec les communautés voisines. Gandhi avait déjà compris que l'avenir passait par une vie beaucoup plus artisanale et rurale, plutôt que sur la base de l'industrialisation forcenée et de l'invasion des technologies qu'il voyait comme catastrophiques.
Cette convergence entre Vandana et moi nous permet d'harmoniser le contenu même de nos campagnes, en particulier sur le thème du brevetage du vivant et des OGM. L'amitié qui me lie à elle se traduit par une émulation qui contribue au rayonnement international de nos luttes locales. Ainsi, lorsque nous avons obtenu l'interdiction du maïs MON810 en France, en 2008, suite à notre grève de la faim – qui a duré 11 jours –, la joie de cette victoire était largement partagée par les Indiens. La France est le premier pays producteur de maïs en Europe et les firmes du monde entier voulaient s'appuyer sur le cas français pour propager ces semences. Ce type de victoire est un encouragement considérable pour les pays du Sud : ils peuvent constater que nous aussi nous résistons, que nous sommes unis dans le même combat. Et réciproquement, certaines révélations ahurissantes nous viennent directement des militants de pays du Sud et suscitent chez nous une grande solidarité : Vandana Shiva a par exemple été la première à révéler la vague de suicides qui, depuis quelques années, emporte des milliers de paysans. Piégés par l'agriculture intensive et le recours aux OGM, ils mettent souvent fin à leurs jours en ingérant les pesticides qui ont conduit leurs exploitations à leurs pertes. Sa manière très scientifique et scrupuleuse d'étayer ses thèses de chiffres et d'informations concrètes et vérifiables a donné une

grande portée à ce témoignage. L'histoire dramatique de ces milliers de producteurs ruinés s'est répandue comme une traînée de poudre partout à travers le monde.

Mais l'action de Vandana Shiva ne se limite pas à critiquer le système : son association Navdanya s'emploie à la diffusion de solutions constructives à mettre en pratique partout dans le monde. Ce réseau de banques de graines, présent aux quatre coins de l'Inde, apporte notamment à tous les paysans du monde la preuve de l'utilité et de la performance des semences paysannes. Navdanya a construit un modèle de multiplication des semences à grande échelle échappant à tout contrôle économique et politique, applicable partout. Aujourd'hui, des centaines de milliers d'agriculteurs en Inde adhèrent à ce réseau et participent activement à la résistance contre l'industrie agrochimique et les semenciers. Cette réussite découle d'un engagement profond et sincère de la part d'une femme dont la vie et le combat ne font qu'un. Toujours vêtue d'un simple sari de coton artisanal et de sandales, elle est probablement aujourd'hui la meilleure incarnation de l'héritage spirituel de Gandhi.

José Bové

INTRODUCTION

Comment la fille d'un garde forestier marchant de cabane en cabane à travers l'Himalaya indien est-elle devenue l'ennemie numéro un des firmes agrochimiques ? Par quel mystère est-elle parvenue à rassembler 500 000 paysans prêts à la désobéissance civile ? Quel message assez puissant peut convaincre des villages entiers de se convertir à l'agriculture biologique ? Comment une femme parvient-elle à vivre sereinement sous la menace de semenciers prêts à tout pour avoir gain de cause ? Vandana Shiva répond à ces interrogations par d'autres questions : est-il vraiment possible que des multinationales empêchent les petits paysans de reproduire leurs propres graines ? Est-il seulement concevable de voir sans réagir ces agriculteurs qui luttent pour leur survie, ainsi poussés à la faillite puis à des suicides en masse ?

Le destin de cette femme n'est rien moins qu'une épopée aussi audacieuse que chaotique et déroutante : l'histoire de Vandana Shiva est d'abord celle d'une grosse erreur de parcours suivie d'une rédemption personnelle. Celle d'une spécialiste de la physique nucléaire vouée aux intérêts de l'énergie atomique, qui se retrouve du jour au lendemain face à son destin et décide de tourner le dos à une carrière prestigieuse pour changer de vie. À compter de ce moment précis, le parcours de Vanda-

na Shiva ressemble à la danse de ces derviches tourneurs qui évoluent d'abord lentement, pas à pas, formant un petit cercle, puis accélèrent, déploient leur robe et occupent finalement toute la scène. Ainsi, à ses débuts, la marcheuse anonyme qui évoluait seule, de village en village, pour collecter ses tout premiers sachets de graines locales et en assurer la préservation, semblait ridicule aux yeux de certains. D'autant qu'à la même époque, les semenciers fourbissaient déjà le scénario d'un monopole planétaire. Mais face à un tel raz-de-marée des grands groupes mondiaux inondant les campagnes de produits chimiques et de graines « miraculeuses », le combat de Vandana Shiva s'est lui aussi étendu à tous les continents, déployant ses arguments sur une scène médiatique planétaire.

Tissant son histoire dans la trame du mouvement altermondialiste, Vandana Shiva fut à l'origine du tout premier rassemblement antiglobalisation à Bangalore, dont des centaines de milliers de paysans et d'activistes envahirent les rues. Ce mouvement se propagea ensuite dans celles de Seattle, Cancún, Gênes, etc. au gré des sommets et autres G8, avec en tête de cortège une femme reconnaissable à l'énorme *bindi*[1] ornant son front. Mais ces manifestations spectaculaires et la renommée de Vandana Shiva cachent le cœur de l'action de cette militante : *Navdanya*. Ce mot désigne une ferme biologique où se tient la première banque de graines montée par Vandana Shiva et qui a impulsé un vaste réseau de distribution gratuite et d'échange de semences. Navdanya est le siège d'une ONG ayant pour mission de protéger ce patrimoine, mais surtout d'essaimer les variétés locales de riz, blé, orge, légumes et autres plantes médicinales le plus largement possible. Tel un antidote irriguant chaque vaisseau, puis chaque pore d'un corps malade, ces semences parcourent l'Inde et font germer l'idée d'une agriculture plus respectueuse de l'environnement.

---

1 Aussi appelé *tika* ou *tilak*, ce point rouge indique l'appartenance à la religion hindoue. Il symbolise également le troisième œil du dieu Shiva.

> ***Grâce à l'action de Vandana Shiva, des centaines de milliers d'agriculteurs se sont réapproprié les semences paysannes de leurs ancêtres et affranchis des pesticides chimiques.***

Les graines que distribue Navdanya ne font finalement que perpétuer une longue chaîne de solidarité paysanne, au fil de laquelle les membres d'une même communauté se transmettent les semences, de génération en génération. Dans l'esprit d'une philosophe qui aime mêler spiritualité, religion et science, la valeur de ces graines est inestimable à tous points de vue. Ce véritable trésor agricole porte en lui les gènes de la paysannerie indienne à travers les siècles, tout comme le destin de Vandana Shiva elle-même : sa personnalité s'enracine dans un patrimoine familial pétri de valeurs terriennes et écologiques, celles de Gandhi. La fin héroïque du grand-père de Vandana, Mukhtiar Singh, reste un témoignage aussi tragique que méconnu de cet héritage spirituel. Cet événement à la fois troublant et révélateur rappelle à quel point une femme est, comme un simple grain de riz, le produit d'une longue histoire.

La vie de Vandana Shiva est avant tout le récit d'un combat, ou plutôt de mille combats. Fidèle à la dualité de cette militante – aussi présente dans la lutte internationale qu'obsédée par son enracinement local –, ce livre nous plonge à la fois dans la révolte épique d'un petit village tribal contre l'usine Coca-Cola, qui assèche ses puits, et dans la croisade antiglobalisation qui, de procès en manifestations, mène Vandana Shiva aux quatre coins du monde. À l'échelle locale comme mondiale, les armes de cette épopée non-violente sont la désobéissance civile, la pédagogie par l'exemple, la révolte et l'action en justice. Une stratégie redoutable et forcément victorieuse : même les meilleures propagandes du monde ne peuvent rien contre la vérité.

1953

1972

L'impasse du nucléaire

Le 23 janvier 2004, à 6 heures du matin, Pradip descendit tranquillement les deux marches qui conduisaient au seuil de sa maison. En apparence, cette journée débutait comme les autres : il traversa la courette et poussa la porte des toilettes – bricolée à partir de boîtes de conserve aplaties – où un réservoir d'eau et de petits baquets servaient aux ablutions matinales et pour les latrines. Une fois propre, il noua son *longhi*[1] d'un geste machinal et s'assit en tailleur avec sa famille pour partager en silence un peu de riz et des mangues fraîches, qu'il aimait relever d'une pincée de sel. Trois majestueux palmiers offraient une ombre salutaire au petit nid familial et semblaient surveiller d'un œil l'eau du barrage en contrebas. Comme pour prévenir la montée du lac qui était parfois venu lécher le pied des arbres. Chaque chose était à sa place ce matin-là, mais Pradip sentit un nœud se former au creux de son estomac. Caressant l'épaisse cicatrice qui marquait son bras, il pensa à cette journée, deux ans plus tôt, en avril 2002, qui s'était terminée en prison avec en prime une bastonnade de la police. Il songea qu'avant le coucher du soleil il pourrait bien connaître à nouveau le même sort. Mais il en fallait plus pour perturber cet Indien fier de sa communauté autant que de la terre qu'il habitait.

Partout à travers l'Inde, on décrivait l'État où vivait Pradip, le Kerala, comme une région « bénie des dieux », qualifiée de « grenier à riz » du pays. Avant que leur vie ne tourne au cauchemar, les habitants de Plachimada eux-mêmes reconnaissaient volontiers les atouts de leur district de Palakkad (dans le Nord du Kerala), même si leur destin n'avait rien d'idyllique. « Jusqu'à 2001, nos terres étaient fertiles », se souvient aujourd'hui encore Murali, qui était fermier à l'époque. « L'eau du barrage alimentait les canaux des rizières et les puits étanchaient la soif des villageois. Nos cultures nous donnaient non seulement notre propre nourriture, mais aussi de quoi vendre pour gagner un peu d'argent. Je produisais des haricots, des tomates, des noix de coco, du riz, et même du lait. Je n'achetais presque rien, en dehors de l'huile, du sel et de quelques épices », se rappelle-t-il avec nostalgie.

1 Vêtement typique indien sans couture, fait d'une seule pièce de cotonnade nouée autour de la taille.

Il suffisait de parcourir le district de Palakkad pour recenser les richesses naturelles qui faisaient la fierté de ses habitants : la région était connue pour son réseau de fleuves se ramifiant en d'innombrables rivières sillonnant les pâturages verdoyants, irriguant les cultures d'arachide, de jasmin et les rizières bordées de cocotiers, parcourant les jungles foisonnantes, avant de se jeter dans de petits lacs où buvaient les troupeaux. Des nuées d'oiseaux – aigles, aigrettes et autres colibris – trouvaient refuge dans cet éden, saupoudrant le paysage de taches multicolores. Sous ce ballet aérien, les paysans qui travaillaient la terre n'avaient guère de temps à accorder à ce spectacle familier. Courbés sur leur ouvrage, ils ignoraient que bien plus haut dans le ciel, d'autres yeux scrutaient le paysage et ses ressources naturelles : des satellites patrouillaient au-dessus de la région. L'une de leurs missions consistait à évaluer sa nappe phréatique et mettre ces informations à la disposition de l'industrie.

Une grande nouvelle se propagea bientôt dans les ruelles poussiéreuses du village à la vitesse d'un tourbillon : l'installation d'une usine Coca-Cola. La firme avait annoncé la création de nombreux emplois au village et le Panchayat local (l'autorité chaperonnant les hameaux alentour), qui n'avait sous sa tutelle que 30 000 administrés, allait recevoir chaque année un million de roupies[2] de taxes locales, ce qui représentait une somme astronomique à l'échelle de son budget. Pourquoi refuser une telle aubaine ? Les citoyens ne voyaient rien à redire et se présentèrent pour vendre leurs terres au géant agroalimentaire sans ciller. « Avec l'argent, j'ai construit un restaurant juste à côté de l'entrée de l'usine », se souvient Murali, qui abandonna l'agriculture pour préparer les repas des salariés. « Rapidement, les clients ont afflué. Je servais près de cent repas chaque jour et je faisais travailler cinq personnes, se souvient-il. Nous préparions des *parotas*, des *dosas*, du riz, des *chapatis*[3], des gâteaux et du thé. C'était un bon business ! », reconnaît-il aujourd'hui.
Après un chantier démarré en 1999 et rondement mené, les villageois ébahis avaient vu se dresser comme par magie, au beau milieu de leur village, une usine de 37 000 mètres carrés implantée sur 35 hectares de terrain. Les vé-

2 Près de 17 000 euros.
3 Les *parotas*, les *dosas* et les *chapatis* sont différentes sortes de galettes indiennes.

hicules de la société semblaient glisser sur les routes asphaltées aux bordures impeccables qui reliaient entre eux les immenses bâtiments flambant neufs abritant les quais de chargement, les hangars de stockage, les bureaux et bien sûr les chaînes d'embouteillage. Les premiers jours, les habitants de Plachimada passèrent de longues minutes les yeux fixés sur cet énorme objet sorti de terre comme par magie. Du haut des cocotiers, les grimpeurs chargés de collecter les noix en profitaient pour admirer ce spectacle insolite : l'usine immaculée créait un contraste saisissant dans ce paysage déroulant toutes ses nuances de vert à perte de vue, alternant les bouquets d'arbres, les champs étagés et les pâturages. L'usine d'embouteillage était en réalité le tout premier signe de développement économique « moderne » arrivé dans la région.

Ceux qui pénétraient ces bâtiments blancs trouvaient là de hauts réservoirs en inox dont le contenu alimentait trois chaînes d'embouteillage. Ces fleurons de la technologie bombardaient littéralement les bouteilles d'un bout à l'autre de la salle, en remplissant jusqu'à 600 par minute. Coiffés de charlottes, les ouvriers en blouse blanche surveillaient placidement les opérations, apparemment insensibles au vacarme environnant. À l'extérieur, les manutentionnaires de l'usine qui élevaient de hautes piles de caisses rouges semblaient disputer une course sans fin avec les chauffeurs des camions qui démantelaient inlassablement leurs constructions. Un long mur de pierre surmonté de fils barbelés cachait cette agitation au regard des villageois qui s'étaient bientôt habitués au va-et-vient constant des semi-remorques. Cette usine aux allures de navette spatiale échouée au milieu de la végétation avait pourtant quelque chose de vaguement inquiétant.

Chassant avec amertume ces souvenirs de son esprit, Pradip se leva et se dirigea vers le centre du village matérialisé par l'enseigne *Coca-Cola Hindustan Beverage Private Limited*, d'où lui parvenait déjà une rumeur inhabituelle. Ce jour-là, les habitants de Plachimada attendaient une écologiste de renommée internationale : Vandana Shiva.

Pages précédentes : *Les rizières autour du village de Plachimada.*

Réincarnation

Seulement 25 kilomètres séparaient Duhai de la fournaise de New Delhi, mais cette distance suffisait aux habitants pour s'enorgueillir de la fraîcheur paisible qui baignait leur village. Les vents frais descendant de l'Himalaya les protégeaient du grondement et de la chaleur qu'exhalait la capitale indienne. Pourtant, en ce matin de l'année 1956, l'air était immobile et chacun parlait à voix basse comme si un éclat de voix avait suffi pour briser le fil ténu qui reliait encore Mukhtiar Singh à la vie. Depuis plusieurs jours déjà, les amis, les voisins et tous les villageois se succédaient à son chevet pour le persuader de cesser sa grève de la faim ou au moins de boire quelques gouttes d'eau. Sans le dire, certains voyaient déjà poindre la mort sous les traits émaciés de cet homme. Son regard ne trahissait pourtant pas le moindre signe de renoncement. Sans que personne le sache encore, le courrier qu'il attendait était en route. Ce pli pouvait arriver d'un jour à l'autre, mais sa vie semblait fuir plus vite que la bicyclette du service postal. Devant l'école, sur la place publique, cet homme d'âge mûr mourait à petit feu.

Mukhtiar Singh appartenait à une caste d'agriculteurs autrefois constituée de bergers nomades, qui s'était sédentarisée dans les plaines du Nord de l'Inde et au Pakistan. Était-ce l'âme nomade de ce fermier qui le conduisait dans un farouche refus de l'immobilisme ? Une chose est aujourd'hui certaine, il était dans le village l'un des principaux défenseurs du mouvement religieux *Arya Samaj** qui appelait à une réforme radicale de l'hindouisme. Ses membres ne croyaient pas aux rituels pratiqués par la plupart des autres hindous, ni même aux idoles multicolores qui semblaient surgir de la fumée des temples. Ils s'élevaient en somme contre toutes les formes de conservatisme et particulièrement contre le système des castes. Comme les autres membres de ce mouvement, cet agriculteur très impliqué dans la vie du village défendait l'égalité des sexes et s'insurgeait contre certaines pratiques moyenâgeuses telles que le mariage des petites filles.

* Les termes signalés par un astérisque sont expliqués dans le glossaire *(p. 184)*.

À une époque où à peine plus de 2 000 garçons étaient scolarisés dans toute la province de l'Uttar Pradesh, les filles ayant franchi la porte d'une école étaient rarissimes. Mais Mukhtiar Singh n'avait lui pas hésité à envoyer sa fille Jagbir Kaur étudier dans la ville de Lahore[4]. Un acte d'audace vu par certains comme une provocation : non seulement l'ordre brahmanique (la caste dominante) refusait aux femmes le droit à l'instruction, mais les parents qui envoyaient leurs enfants dans le pensionnat d'une ville voisine se taillaient en général une réputation d'originaux, voire d'irresponsables. Mukhtiar Singh agissait cependant en pleine connaissance de cause : l'instruction n'était-elle pas un des piliers de l'émancipation sociale ? C'est du moins ce que croyaient ceux que l'on appelait *les Arya Samaj*. Peu enclins aux dogmes et à leurs mystères, ils appuyaient leur vision de la vie sur la science moderne, voyant en toutes choses un simple jeu d'énergies et d'atomes en mouvement perpétuel. Une dynamique vitale que Mukhtiar Singh était bien décidé à pousser dans le sens du progrès et de l'équité. Il prit donc, avec l'appui de tout le village, un engagement irrévocable : « Ici même, à Duhai, je vais installer une école pour filles ! »

Les autres habitants offrirent rapidement leur soutien à cette initiative. Certains par conviction et d'autres avec un soupçon de crainte face au défi à relever. Pourquoi se lancer dans l'instruction des filles, alors que partout ailleurs, on cherchait – souvent en vain – des fonds pour instruire les garçons ? En tant que leader d'opinion et militant, Mukhtiar Singh obtint finalement quelques subventions et lança en 1946 l'école où se pressèrent bientôt les jeunes filles des alentours lorsque d'autres travaux ne les appelaient pas aux champs. Une belle victoire qui ne fit qu'amplifier la reconnaissance de la population à l'égard de cet Arya Samaj devenu incontournable à Duhai. La chute n'en serait que plus dure. Une fois oublié l'enthousiasme des débuts, les financeurs qui soutenaient l'école commencèrent à se désengager. Les frais (bâtiments, salaires, etc.) s'amoncelaient au-dessus de la tête de Mukhtiar Singh. Il redoublait d'efforts et ne cessait de rédiger des courriers adressés aux autorités pour solliciter un

4 Cette ville située au Pakistan appartenait encore à l'Inde à cette époque.

agrément de l'État. Mais au fil du temps, l'espoir s'amenuisait. Ses appels au secours se noyaient dans un silence de plus en plus épais à mesure que certains amis d'hier se détournaient finalement de cet homme qui osait braver la tradition.

Gandhi avait pour habitude de dire que la non-violence était aussi vieille que les montagnes et qu'il n'avait donc rien à apprendre à ses disciples. Pourtant, les résultats obtenus par sa lutte non-violente contre les colons anglais ont fait de son combat un modèle dans le monde entier, mais tout particulièrement en Inde. Mukhtiar Singh, qui, à l'image de Gandhi, respectait déjà un végétarisme strict et renonçait complètement à l'alcool, vit la grève de la faim comme le dernier recours pour attirer l'attention sur le sort de son école. Mais pour affirmer mieux encore son engagement, il décida également de ne plus boire une goutte d'eau avant de recevoir non seulement le soutien financier des autorités, mais aussi leur agrément.

Les dignitaires du gouvernement avaient-ils mesuré les risques d'une telle grève ? Probablement, mais trop tard : une lettre fut effectivement rédigée pour apporter enfin la réponse tant attendue, mais elle fut accueillie par le mutisme incrédule de villageois au regard vide. Mukhtiar Singh ne verrait pas la précieuse lettre décachetée le lendemain de son sixième et dernier jour de grève de la faim. Aujourd'hui, l'école Chotty Ram de Duhai existe toujours, sise à un jet de pierres de la nationale n° 58 ralliant New Delhi et Rishikesh. Les rares personnes encore vivantes qui connaissent l'histoire de cet homme savent qu'au-delà des cris des 3 000 jeunes filles qui résonnent toujours dans l'école du village, la conviction et le courage de Mukhtiar Singh s'expriment plus que jamais sous les traits d'une femme qui n'était qu'une fillette de 4 ans quand son grand-père maternel est mort des suites de sa grève de la faim : Vandana Shiva. Parmi les gardiens de cette mémoire, Sompal Shatri, une personnalité politique indienne qui fut notamment ministre de l'Agriculture et de l'Eau, a pu assister à ce qu'il qualifie de « réincarnation ». « Mon père et mon oncle faisaient partie de la communauté Jats de Duhai, raconte-t-il. Ils étaient des amis très proches de Mukhtiar Singh. Ils ont donc assisté à ce drame et m'en ont souvent parlé. Cela m'a marqué, comme peuvent marquer les destins d'exception. Voyez-vous, je crois comme les autres hindous en la réincarnation : dans la philosophie védique, nous estimons qu'un enfant n'est rien de plus que l'assemblage des chromosomes venant du père avec ceux hérités de la mère. Même si certains gènes changent, il reste un fort héritage qui détermine en grande partie la personnalité de l'enfant. Parfois, cet héritage se perd. Parfois, il continue après des générations. » Pour Sompal Shatri, le mélange d'honnêteté, de courage et d'insoumission qu'il voit en face de lui lors de sa première rencontre avec Vandana Shiva, en 1999, incarne en tous points la figure de son grand-père : Mukhtiar Singh. Aujourd'hui, cette activiste vue comme la chef de file des altermondialistes a pour ennemies certaines des multinationales les plus puissantes du monde, ce qui lui vaut régulièrement des menaces anonymes dont s'inquiètent parfois ses proches.

Caravane himalayenne

Chaque hiver, alors qu'un froid glacial figeait lentement les vallées himalayennes, se coulant jusque dans les moindres replis de la montagne, tous les écoliers de l'Uttarakhand et du reste de l'Inde se précipitaient chez eux, pour retrouver enfin la chaleur de leur foyer. Pendant que chacun se glissait dans ce cocon avec la perspective de trois mois de vacances, Vandana Shiva, sa sœur Mira et son frère Kuldip emboîtaient déjà le pas de leur père et de quelques chevaux lourdement chargés, s'enfonçant vers les forêts les plus reculées de l'Himalaya. Nés à un an d'intervalle seulement les uns des autres et âgés d'à peine 10 ans, les enfants adaptaient leur rythme à celui des quelques chevaux dont les naseaux fumants se balançaient en cadence. Cette caravane familiale pouvait parcourir 20 à 30 kilomètres chaque jour pour rejoindre une cabane du Service indien des Forêts, qui servirait de base à Dan Singh Shiva pour rayonner, inspecter les environs et exercer son métier de garde forestier. « Ces petites cabanes de bois perchées dans la montagne, sans eau ni électricité, n'étaient chauffées que par un petit poêle ou une cheminée, se souvient encore Vandana Shiva. Les conditions de vie étaient dures et

je me rappelle que la chose la plus difficile était, une fois la nuit tombée, de nous éloigner de la cheminée pour nous glisser dans un lit gelé ! »
Les trois enfants ressentaient pourtant la même excitation que les autres à l'idée de ces grandes vacances, avec déjà la conscience d'un privilège insolite : passer trois mois loin de tout, au calme, immergés dans un environnement sauvage. Certes, on ne peut pas dire qu'ils se réjouissaient d'avoir parfois à marcher dans la neige et la bise. Mais le métier de leur père conduisait plus souvent la famille dans les zones basses plus tempérées, voire dans des vallées subtropicales tapissées de végétation primaire. Tout en marchant, Dan Singh se penchait et ramassait ici une baie, là une simple feuille et en expliquait les différents usages culinaires, médicinaux ou agricoles à ses enfants qui se passionnaient déjà pour ces questions et se faisaient fort de retenir la leçon. Une fois à destination, on déchargeait les chevaux pour préparer un bivouac rapide ou s'installer dans un refuge de forêt. En ouvrant les sacoches qui avaient passé la journée sur le dos des chevaux, Dan Singh Shiva savait ce qu'il allait y trouver : les réserves de riz, lentilles et pommes de terre constituaient l'essentiel du chargement, avec quelques vêtements et le linge nécessaire. Mais les enfants avaient aussi glissé parmi les affaires une foule de livres savamment calés entre un sachet d'épices et un réchaud à pétrole ou noyés au milieu des saris toujours tissés de coton artisanal.
Chaque soir, la famille se serrait autour d'une lampe à gaz et passait de longues veillées à lire. Enfants, les jeunes Shiva étaient déjà avides de lecture. Quand leur père s'absentait pour la journée et que le soleil réchauffait les bois, ils s'installaient dehors et se plongeaient dans leurs livres, levant les yeux de temps à autre sur les chaînes de montagnes environnantes ou les hauts arbres dominant leur cabane. Certains après-midi, on marchait à travers bois à la recherche d'une orchidée ou d'un peu de poivre sauvage. « Certaines plantes étaient précieusement séchées entre deux pages d'un livre, se souviennent Vandana et sa sœur, si bien qu'aujourd'hui encore, si vous lisez l'un des nombreux livres toujours rangés dans notre bibliothèque familiale à Dehradun, au détour d'une intrigue romanesque ou d'un cours de sciences physiques, vous risquez bien de découvrir une fleur séchée datant des années 1960 ! »

sourient-elles. « L'odeur de ces vieux livres et les fragrances de la forêt font ressurgir mon enfance et ces longs voyages à travers la montagne », ajoute Mira. Ce nomadisme familial à travers les forêts himalayennes ne se déroulait jamais dans la même vallée d'une année sur l'autre et les enfants n'avaient pour autre repère que l'odeur des chevaux, le frottement des rhododendrons sur leurs vêtements et le crépitement du feu rallumé au petit matin pour réchauffer le thé. Pourtant, ils ne se plaignaient jamais de ces conditions de vie spartiates. Le caractère de leur père expliquait en partie leur enthousiasme : cet homme aurait pu tromper son entourage par son physique imposant, mais pas ses enfants. Sous sa stature haute et massive se cachait un être doux auquel les camarades de Kuldip venaient se confier plus facilement qu'à leur propre père et qui inspirait même la plus grande confiance aux amies de Vandana et Mira. Cet homme offrait son écoute patiente et son réconfort à chacun. D'un naturel plutôt méditatif, il se prêtait aussi à l'occasion à l'un de ses loisirs favoris : la couture.

Autant dire que dans une société dominée par le patriarcat, ses idées et son comportement ne passaient pas inaperçus, malgré sa modestie discrète. Mais au-delà de ces originalités, un événement de la vie de Dan Singh Shiva laissait pensifs les hommes de sa génération : il avait abandonné un poste d'ingénieur dans l'armée, un salaire trois fois plus important et la perspective d'une belle carrière. Il était devenu garde forestier par amour pour une femme et il fonda une famille dans la province de l'Uttarakhand, au pied de l'Himalaya.

Pages précédentes : *Vandana Shiva marche à travers la campagne de l'Uttarakhand, suivie de Darwan, l'un de ses plus fidèles complices.*

Les libres penseurs de Rajpur Road

Aux yeux des voisins de la famille, vendeurs ambulants, commerçants ou amis, un voile de mystère enveloppait Jagbir Kaur Shiva, la mère de la petite Vandana. Que ce soit à Nainital, où elle vécut pendant les années 1950, ou à Dehradun, autre ville de l'Uttarakhand où les Shiva s'installèrent le long de Rajpur Road en 1962, ce personnage suscitait une curiosité mêlée de respect. Certains racontaient que cette femme avait fait des études dans la lointaine ville de Lahore. D'autres chuchotaient que son père avait succombé à une grève de la faim. Mais le plus curieux n'était pas là : aussitôt mariée, cette femme – la toute première dans son village d'origine à avoir suivi des études – avait tenu à devenir agricultrice. Partie de rien, elle avait donc longtemps vécu sous une simple tente faite de branchages située aux abords de ses champs, sur les tout premiers contreforts himalayens. Elle cultivait tandis que son mari parcourait les forêts de ces hautes montagnes, ne revenant que lorsque ses congés le permettaient. Les Shiva avaient d'abord occupé une simple pièce en terre battue, à Nainital, avant d'investir leur maison de Dehradun lorsqu'elle avait décidé de reléguer l'agriculture au rang de passe-temps, pour se consacrer au métier pour lequel elle avait été formée : inspectrice de l'éducation. Mais quel que soit leur lieu d'habitation, le voisinage voyait entrer là un étonnant aréopage de ce que l'Inde compte comme religions, philosophies, castes et autres mouvements populaires, y compris des personnalités politiques d'envergure nationale... Qui étaient exactement ces gens ? Et cette femme qui, disait-on, plutôt que de se soumettre à son mari et de se faire discrète comme on le devait, lui avait demandé, à peine les noces terminées, de quitter son poste dans l'armée ? Décidément, le comportement de Jagbir Kaur et la vie de cette famille suscitaient la curiosité.

Il n'existait pourtant guère de maison où l'on soit aussi facilement et chaleureusement convié. Dans les environs, la chose était connue de tous : que l'on soit intouchable ou ministre, pauvre ou riche, musulman ou hindou, chacun recevait le même accueil attentif. Ce qui déstabilisait malgré tout la population locale était l'impossibilité totale de ranger

Si l'histoire de Vandana Shiva était un arbre, le modèle maternel en serait la sève, l'énergie vitale.

cette famille dans l'une ou l'autre des castes auxquelles, pourtant, aucune des 440 millions d'âmes que comptait déjà le sous-continent au début des années 1960 ne pouvait échapper. Autour de la maison s'étalaient les cultures de tomates, haricots, pois, lentilles, arbres fruitiers. On entretenait ces petites cultures vivrières sous le regard si particulier de quelques vaches indiennes aux yeux comme cernés de khôl. Elles recevaient ici un traitement de choix et donnaient en guise de reconnaissance le lait de la famille Shiva et l'engrais nécessaire aux cultures. Jagbir Kaur tenait à produire elle-même la plus grande partie de son alimentation, même si on achetait régulièrement quelques samossas et autres douceurs aux vendeurs ambulants ou à l'épicerie jouxtant un temple tout proche, où elle s'arrêtait parfois faire une prière matinale. Elle expliquait ce mode de vie et son activité agricole avec le même raisonnement que Gandhi filant son coton : « Pourquoi d'autres devraient-ils le faire à ma place ? » demandait-elle aux visiteurs étonnés de trouver cette inspectrice de l'éducation les mains dans la terre. Les enfants offraient régulièrement leur aide à leur mère, de la même manière qu'ils suivaient leur père : non comme une corvée, mais comme un plaisir qui véhiculait sans le dire un message éducatif aussi discret et subtil qu'efficace.

Si l'histoire de Vandana Shiva était un arbre, le modèle maternel en serait la sève, l'énergie vitale : les idées de cette femme, considérées comme avant-gardistes dans les années 1960, dérangeraient aujourd'hui encore et ce dans de nombreux domaines de la vie familiale, tels que la religion par exemple. Bien qu'hindouiste, Jagbir Kaur était pourtant toujours à l'affût d'un événement musulman, bouddhiste, catholique ou autre afin d'y emmener ses enfants. Vandana, Mira et Kuldip se nourrissaient de chacune de ces religions, mais pas seulement : ils étaient également conviés à écouter les plus grands penseurs de l'époque, toutes spiritualités confondues. « Si vous en avez l'opportunité, allez toujours à la rencontre des personnes les plus riches sur le plan spirituel, conseillait-elle à ses enfants. Ces expériences variées vous enrichiront, ne serait-ce que d'enthousiasme ! » affirmait cette mère de famille. Outre la visite impromptue d'une synagogue ou d'une église, au hasard d'une promenade, on se rendait régulièrement à l'ashram du grand sage hindou Swami Shivananda (1887-1963), sis à Rishikesh, sur les rives du Gange et dont on compte aujourd'hui des disciples dans le monde entier. Les enfants grimpaient les nombreuses marches de l'édifice pour y écouter les préceptes de ce maître assis en tailleur, drapé dans un *dhoti* saumon. Vandana, Mira et Kuldip, loin de comprendre tout ce qui se disait, passaient pourtant ici des instants merveilleux, bercés par la fraîcheur du Gange, par les paroles et psalmodies autant que par l'aura spirituelle qui émanait de ce saint indien capable de méditer 12 heures par jour. À l'époque, ce maître vivait à Rishikesh les derniers jours d'une vie monastique durant laquelle il avait promu le yoga intégral et rédigé plus de 200 livres. Ces immersions spirituelles n'empêchaient pas la famille Shiva de se garder de tout dogmatisme et de se tenir éloignée du fétichisme, tout en instillant aux enfants l'importance de la foi, quel qu'en soit l'objet. Dans cette maisonnée, chacun disait ses propres prières – ou n'en disait aucune – y compris le père qui vouait personnellement un culte à Ram, dieu incarnant autant la loyauté que le courage. Chacun piochait dans l'immense bibliothèque au gré de ses intérêts pour telle ou telle philosophie ou religion. Toutes ces idées que l'on aimait découvrir, analyser ou prendre à défaut, formaient un véritable système solaire, évoluant autour d'une figure centrale : Gandhi. Ce symbole de la tolérance, de la non-violence et de la désobéissance civile, dont s'était déjà inspiré le grand-père maternel de Vandana, allait rester un véritable emblème familial.

Le végétarisme strict et l'absence totale d'alcool faisaient partie des règles de vie respectées chez les Shiva. Ils revendiquaient également une sobriété vestimentaire qui conduisait par exemple le père de Vandana à porter les mêmes vêtements plusieurs années de suite, sans pour autant se vêtir de tenues abîmées et surtout sans se déparer d'une certaine élégance naturelle. De son côté, comme Gandhi, Jagbir Kaur ne portait que des vêtements en *khadi*, ce coton artisanal. Un cadre d'apparence austère qui cachait en réalité une effusion permanente faisant de la maison une véritable ruche, un lieu de rendez-vous prisé par de nombreux visiteurs. Madame Shiva faisait savoir largement autour d'elle que ceux qui avaient besoin d'aide pour défendre une cause environnementale ou sociale trouveraient ici le gîte et le couvert. Très impliquée dans la vie collective, elle apportait son aide à plusieurs associations dont l'une se consacrait aux femmes musulmanes, l'autre aux réfugiées birmanes ou encore aux enfants intouchables. Mais on venait aussi nombreux chez les Shiva pour échanger des idées avec cette femme qui appartenait au Parti du Congrès[5] et voyait comme inséparables son engagement social aux côtés des défavorisés et son appartenance politique. La vitalité de ses initiatives faisait donc naturellement de sa maison une halte indispensable pour les « huiles » du Parti qui venaient admirer le travail de Jagbir Kaur et lui apporter leur soutien. Elle-même n'hésitait pas à voyager pour rencontrer les personnalités du Parti du Congrès, telles que Jawaharlal Nehru à qui elle rendit visite à Delhi, non sans y emmener ses deux filles. Chacun voyait en elle une figure de l'Uttarakhand aussi connue pour son courage et son dévouement que pour ses idées visionnaires : Jagbir Kaur Shiva avait par exemple commencé à défendre le féminisme dans les années 1940, alors que le mot n'existait même pas en Inde. Cet avant-gardisme fédérait autour d'elle un réseau d'amis ou de militants ayant pour point commun leur adhésion aux valeurs gandhiennes. Certes, Bapu, comme l'appelaient affectueusement les Indiens, avait été assassiné depuis une quinzaine d'années déjà, en 1948. Mais après cet événement aussi sombre et brutal que la première mousson annuelle, les idées de Mohandas Karamchand Gandhi, comme autant de graines, se développaient sur le fertile terreau de la civilisation indienne. Le Mahatma ne put donc pas connaître la maison où Vandana Shiva avait grandi. Mais deux de ses proches disciples ayant vécu plus de vingt ans à ses côtés entretenaient une amitié profonde avec la famille Shiva. Mirabehn et Sarlabehn venaient séjourner dans la maison de famille. Ils trouvaient ici l'atmosphère de simplicité et de spiritualité qui avait entouré la vie

5 Ce parti était vu à cette période comme appartenant à une gauche radicale. Mené par les idéaux gandhiens, il s'était battu pour l'indépendance, prônait le boycott des produits britanniques et plus largement la désobéissance civile quand cette démarche était nécessaire.

de Gandhi. Parmi les autres visiteurs de marque, on avait aussi aperçu la mèche blanche caractéristique d'Indira Gandhi, à demi-cachée par le brocart de son sari et noyée dans sa chevelure brune. Rencontre immortalisée par une photo en noir et blanc prise dans la maison où les hôtes tous assis en tailleur sur des coussins arborent un visage sérieux.
Penser aussi librement s'apparentait à un combat permanent dans l'Inde des années 1960, encore divisée par la partition et dominée par des codes aussi solides et ombrageux que les nombreux édifices religieux toisant les villes. Jagbir Kaur le savait bien et faisait de cette lutte un engagement politique et social enthousiaste, toujours mis sous le signe du partage et de l'amitié. Mais Vandana, jeune fille libre de 10 ans, se rendait-elle déjà compte du prix de cette émancipation ? Cette personnalité complexe, à la fois secrète – presque sauvage – volontaire, rebelle et intellectuellement aussi vive que libérée, allait bientôt le découvrir et se confronter à l'autorité des nonnes, passant pour la première fois en 1963 sous les colonnades du collège du couvent de Jésus et Marie à Dehradun. Une école où les familles bourgeoises de l'Inde entière envoyaient leurs jeunes filles se cultiver, mais surtout apprendre les bonnes manières enseignées par les colons anglais...

Une rebelle au couvent

« Mademoiselle Vandana Shiva, ce que vous venez de faire est absolument intolérable dans l'enceinte d'un couvent ! », s'étouffa la mère supérieure avec son accent irlandais, le souffle coupé par l'audace de son élève. Du jamais vu depuis l'installation de l'école en 1901, et encore moins depuis l'arrivée des premières nonnes à Dehradun, lors de la création du couvent par une Française, Claudine Thévenet, en 1818. La jeune Vandana se tenait debout face à la directrice. Elle regardait son uniforme qui portait encore les traces des événements qui avaient agité l'école ce matin-là. La situation était d'autant plus gênante pour les sœurs que Vandana Shiva était non seulement l'élève la plus brillante de l'école, mais aussi sans doute la plus admirée. Certes peu encline aux bavardages inutiles, elle

avait tendance à impressionner certaines élèves non seulement par ses facilités – proches du génie, on le découvrirait plus tard –, mais aussi par sa capacité à prendre des responsabilités sans ciller, au point d'être désignée déléguée générale de toutes les élèves de l'école pendant un an et capitaine de l'équipe de basket. De nombreuses jeunes filles étaient tout simplement déstabilisées par le caractère de Vandana Shiva : adolescent, on masque parfois les qualités d'un élève en accentuant ses défauts ou en le reléguant dans la posture du génie asocial. Mais Vandana ne laissait guère de prise à ce type de jugement : sa modestie sincère désarmait les envieuses et l'aide efficace que Vandana apportait, avec un dévouement égal, à quiconque la lui demandait, séduisait finalement les plus réticentes. Il arrivait même que la jeune fille aide sa sœur Mira, d'un an plus âgée, qui se trouvait dans la classe supérieure.

Dans ces circonstances, derrière la colère de la mère supérieure perçait une lueur d'incrédulité et d'impatience : comment Vandana pourrait-elle justifier le comportement de ce matin-là ? En ce début de printemps, Vandana Shiva avait franchi la porte de l'école avec, dissimulés dans ses poches, des sacs pleins de poudres aux couleurs plus éclatantes les unes que les autres et avait décidé de fêter Holî au couvent de Dehradun. Cette coutume, qui célèbre l'arrivée du printemps, consiste pour les hindous à se jeter des poignées de pigments de couleurs. Les jets de poudre rose, jaune ou bleue avaient rapidement recouvert les uniformes et les couettes dûment coiffées et autres nattes impeccables. On parvenait à peine à distinguer le visage des élèves dans la fumée qui s'élevait au-dessus d'une mêlée d'où s'échappaient les fous rires des adolescentes. Sans se démonter, Vandana Shiva avait non seulement copieusement coloré les autres jeunes filles, mais s'était attaquée aux professeurs. Au milieu de leurs visages entièrement recouverts de poudres, leurs yeux incrédules s'écarquillaient, puis se refermaient aussitôt pour échapper à de nouvelles salves.

Pages précédentes : *Les 54 banques de graines du réseau Navdanya contribuent à protéger, reproduire et distribuer les semences paysannes dans toute l'Inde.*

Bien consciente de l'insolence des grandes taches de couleurs qui la recouvrait des pieds à la tête, Vandana ne comptait pas pour autant lui offrir d'affables excuses. Les cheveux en bataille, la jeune fille, après avoir écouté les remontrances, finit par prendre la parole : « Mère supérieure, le couvent dans lequel nous sommes se trouve en Inde, n'est-ce pas ? » fit remarquer la jeune fille en provoquant de petits nuages colorés à chacun de ses gestes. « Alors pourquoi fêterions-nous seulement Noël ? Pourquoi ne pas célébrer aussi les fêtes indiennes ? » s'indigna-t-elle sans pourtant se départir du respect dû à la religieuse. La directrice était dans une position délicate.

Dans un couvent où l'immense majorité des filles envisageait de servir leur mari plutôt que de démarrer une carrière professionnelle, l'insoumission de la jeune Shiva ne passait pas inaperçue. L'épreuve n'était que plus âpre pour les sœurs, du moins en apparence, car derrière ces rares conflits se cachait un grand respect mutuel et même une affection profonde entre la mère supérieure et l'élève Shiva. En réalité, l'épisode de Holî avait été pour la religieuse la révélation d'une injustice à réparer. Elle s'était donc rendue chez la famille Shiva afin de mieux connaître les rituels hindouistes, puis à Haridwar, l'une des neuf villes saintes d'Inde, où coule le Gange et où se tient tous les douze ans une *kumbhamelâ*, fête rassemblant déjà à cette époque des centaines de milliers de pèlerins remplis de ferveur, venus de toutes les régions indiennes. La mère supérieure avait finalement intégré des éléments hindouistes dans le calendrier de l'école, y compris dans le déroulement de certaines cérémonies catholiques. La religieuse avait décelé cette lueur mélangée de génie et d'assurance brillant derrière les lunettes de sa jeune élève : la subversion et la désobéissance étaient profondément inscrites dans l'ADN de la jeune fille. La mère supérieure ne pouvait toutefois pas deviner que sa protégée fuirait les salons feutrés des hautes sphères pour, au contraire, s'enraciner au plus profond des terroirs indiens, aux côtés des paysans, des populations tribales, et en particulier des femmes. Mais Vandana Shiva ignorait sans doute elle-même à quel point elle marcherait dans les traces de sa mère et de son grand-père, et pour cause : loin des engagements politiques familiaux, sa passion de l'époque était les sciences physiques. La jeune fille vouait alors une sorte de vénération à Albert Einstein, au point de sculpter à ses heures perdues un buste à son effigie, qui trônait aux côtés d'un autre représentant sa mère. Cette passion pour les sciences physiques allait mener Vandana Shiva au fond d'une impasse aussi douloureuse que décisive : l'énergie nucléaire.

Double vie

L'école de Jésus et Marie savait que la plupart des parents n'attendaient pas de leur fille qu'elle se lance dans une carrière professionnelle, mais trouve un « bon parti ». Aussi, les brochures publicitaires de la prestigieuse institution évoquaient habilement les jeunes filles « éduquées au couvent » comme présentant toutes les qualités requises pour faire le bonheur de leur mari. Cela avait le don de révolter Vandana : « Mais enfin, je me fiche de savoir si je dois mettre ma fourchette à droite ou à gauche de l'assiette ! fulminait-elle auprès de ses amies. Ce dont j'ai besoin ce sont des connaissances ! » martelait la jeune fille, que l'apprentissage des manières britanniques au beau milieu de l'Uttarakhand ulcérait. Avare de mots, Vandana ne réservait ses observations qu'à ses plus proches amies et participait de bonne grâce à la vie de l'école et à ses rituels, y compris le jour de la fête de l'école où les sœurs Shiva demandaient à leur père de déplacer quelques éléphants du service des forêts afin que chacun puisse parcourir les rues de Dehradun en trônant sur la tête de l'animal.

Déjà, la jeune fille voyait bien au-delà des espoirs autorisés à la plupart des Indiennes de son âge. Élève secrète et parfois sauvage, Vandana menait une sorte de vie parallèle qui transparaissait à l'extérieur à la manière d'un voile impalpable entourant sa personne. Physiquement, l'élève Shiva était bien là, assise au milieu de la classe, aidant ses camarades et poussant dans leurs retranchements des professeurs souvent gênés par ses questions pièges. Mais mentalement, une partie de l'esprit de la jeune fille parcourait déjà la route qui devait la conduire aux plus hautes sphères scientifiques. Fût-elle en vacances avec son père et sa sœur Mira, immergée sous les rhododendrons géants de la forêt himalayenne, Vandana lisait sans relâche ses manuels de sciences physiques et autres livres scrutant les mécanismes de la relativité. Ces disciplines n'étaient pas au programme du couvent, mais l'adolescente ne s'en formalisait pas et suivait discrètement des cours particuliers avec le meilleur professeur de la ville. Ces leçons n'ajoutaient pas le moindre point à ses résultats scolaires, mais lui apportaient un authentique plaisir intellectuel. Les sœurs Shiva avaient en commun cette insoumission toujours teintée de bienveillance et le farouche désir de vivre libres et matériellement autonomes, à l'heure où leurs camarades envisageaient un parcours bien défini dont le mariage serait forcément la première étape.

À la fin du lycée, l'événement clé qui devait amorcer la marche de Vandana Shiva vers son destin scientifique fut l'obtention d'une bourse d'études considérée comme inaccessible par la plupart des lycéens : la bourse nationale du Talent scientifique. À sa manière, Vandana Shiva avait déjà gagné son autonomie matérielle puisque tous ses frais d'études devaient être pris en charge pendant 5 ans, grâce à cette prestigieuse distinction. Sa valise bouclée, la petite dernière quitta le berceau familial de Dehradun à bord d'un bus ferraillant vers la province de l'Haryana et sa capitale, la ville de Chandigarh[6]. Quelques jours seulement après cette rentrée de l'année 1967, une autre jeune fille, Maya Goburdhun, s'installait elle aussi à la faculté pour y entamer des études de médecine. L'étudiante qui avait passé toute son enfance sur l'Île Maurice – où vivait une importante communauté indienne – arrivait tout juste sur la péninsule, se réjouissant de revenir dans son pays d'origine. À l'époque, Maurice offrait la sécurité d'un petit village où toutes les familles se connaissent. Rien de commun avec la ville survoltée et tonitruante que découvrit Maya en foulant pour la première fois les rues de Chandigarh, dominées par les bâtiments futuristes de Le Corbusier. La jeune Mauricienne mesura dès son arrivée à la faculté le fossé qui la séparait des jeunes Indiennes se promenant par grappes le long des allées de l'université. Dans l'âpre

6 Chandigarh est la capitale de deux provinces : l'Haryana et le Panjab.

solitude des premiers jours de faculté, Maya observait de temps à autre une étudiante à la taille fine et au port de tête altier, qui traversait le campus, indifférente à l'animation qui l'entourait, rajustant ses lunettes d'un air assuré, presque arrogant. Ce personnage attirait indéniablement son attention, tout en lui inspirant une certaine crainte. Maya perdit presque la parole quand Vandana vint s'asseoir à côté d'elle et engagea la conversation : « Je vois que tu es assise là toute seule. De quelle région arrives-tu ? » lui demanda-t-elle. Vandana Shiva choisissait ses amis comme elle décidait de son avenir : avec détermination. De son côté, Maya n'oublierait jamais ce premier contact dont elle découvrirait plus tard qu'il allait influencer le cours de sa vie. Rapidement, Kumkum et Raju, deux autres étudiantes, devaient rejoindre le duo pour former le noyau d'une joyeuse bande. Il n'en fallait pas moins pour supporter les règlements draconiens qui faisaient des foyers d'étudiantes de véritables casernes. Certes, « le Panjab n'était pas l'endroit le plus sécurisant pour une femme, ironise aujourd'hui encore Vandana Shiva. C'était particulièrement sexiste. » Pourtant, les quatre jeunes filles n'avaient de cesse d'outrepasser secrètement l'autorité, quitte à faire le mur. Les turbans de deux vieux sikhs dodelinaient pourtant de part et d'autre de l'entrée du foyer universitaire. Ceux que les étudiants appelaient « Babaji » avec un mélange de respect et d'affection contrôlaient scrupuleusement les allées et venues afin que les pensionnaires ne prennent pas le même chemin que les étudiantes vivant à l'extérieur. « Nous nous glissions parfois dans la foule des élèves pour partir en goguette, se souvient aujourd'hui Maya. De même, nous bravions régulièrement le couvre-feu qui intervenait après le dîner, à 21 heures, pour organiser toutes sortes de réjouissances : nous avions par exemple pour rituel de fêter les anniversaires en cuisinant de petits festins parfaitement interdits, composés de ce que nous avions pu dérober à la cantine et de ce que nous introduisions au foyer », se souvient encore cette Indienne au français irréprochable. Vandana Shiva n'était certes pas la première à entraîner ses amies, elle qui travaillait sans relâche, beaucoup plus que les autres étudiantes. Mais lorsque ses copines venaient la tirer du halo de sa lampe de bureau, la résistance qu'elle leur opposait n'était que feinte et ne trompait personne.

Malgré cet environnement urbain et cosmopolite, Vandana n'avait rien perdu des valeurs inculquées dans la ferme de sa mère et sur les sentiers d'altitude avec son père. Cette indépendance s'affichait sobrement dans son style vestimentaire : elle s'habillait exclusivement de vêtements de coton artisanal et refusait le maquillage autant que les bijoux et la coquetterie en général. « Vandana, n'enroule pas ton sari de cette manière autour de ton cou ! Tu ressembles à une grand-mère ! Il faut vraiment que tu arrêtes ça ! » la tancèrent un jour ses amies. En riant, la jeune étudiante consentit de mauvaise grâce à quelques modifications pour revenir aussi vite à ses habitudes empruntes de sobriété. Alors que les autres jeunes femmes mettaient déjà des jupes ou même des pantalons et raccourcissaient imperceptiblement leurs cheveux, Vandana ne changeait rien. « Aussi étonnant que cela puisse paraître, son comportement était celui d'une femme vraiment libérée, qui contrairement à beaucoup d'autres était très fière de ses origines, se souvient Maya Goburdhun. Elle se sentait vraiment bien dans ses racines traditionnelles et ne comptait pas y renoncer. » Ceux qui voyaient là un comportement passéiste et traditionaliste gardaient finalement secrètes leurs observations : peut-on juger de la sorte une jeune femme incollable sur les découvertes scientifiques les plus futuristes ? Le regard de cette étudiante, connue pour avoir obtenu la bourse nationale du Talent scientifique, ne trahissait-il pas l'ambition d'une femme émancipée ? Le personnage était difficile à cerner et décidément, nul ne parviendrait à enfermer Vandana dans le moindre cliché simpliste. La jeune femme échappait à toute catégorisation sociale. À 19 ans à peine, l'étudiante avait hérité de l'indépendance de sa mère et de son grand-père maternel aussi sûrement que les paysans de l'Uttarakhand reçoivent leurs graines de millet ou de blé de leurs ancêtres.

Entre physique nucléaire et tantrisme

Au début des années 1970, Vandana Shiva était la seule femme employée à la Commission de l'énergie atomique indienne. Cette situation l'avait littéralement propulsée parmi l'élite scientifique, alors même qu'elle

La capacité de Vandana Shiva à mêler science et spiritualité dans une étonnante harmonie est l'un des moteurs de sa démarche.

n'était encore qu'une étudiante poursuivant sa thèse. Le fait que la doctorante travaille sur un réacteur expérimental surveillé par le monde entier, à la pointe de la physique nucléaire, alors qu'elle avait à peine 20 ans, ne faisait qu'amplifier la réputation de prodige attachée au nom de Vandana Shiva. Mais derrière cette réussite professionnelle hors norme se cachait une seconde vie, de plus en plus mal assortie avec l'existence de cette chercheuse qui n'ignorait plus rien de la fission nucléaire.

Les apparences, fussent-elles celles du succès, sont parfois trompeuses. Les scientifiques de l'époque qui côtoyaient la jeune femme auraient sans doute été surpris de la voir enchaîner régulièrement deux journées harassantes de voyage dans les odeurs saturées des wagons de seconde classe, puis dans l'un de ces bus qui cahotent péniblement sur les pentes himalayennes, pour rejoindre son père alors posté à la frontière chinoise. Même fourbue par le périple, recouverte de sueur et de poussière, Vandana arborait un large sourire lorsqu'elle le retrouvait au bout de la route, qui l'attendait avec en guise de voiture une vieille guimbarde increvable. Elle rejoignait alors pour quelque temps la vie simple des cabanes forestières où il vivait. Ses collègues n'auraient pas été moins surpris de la voir évoluer pendant ses congés parmi les amis de sa mère. Elle recevait régulièrement les toutes premières femmes du mouvement *Chipko** qui s'arrêtaient dormir chez les Shiva et tenaient là leurs premières réunions : ces habitantes de villages himalayens luttaient déjà contre l'agriculture intensive qui conduisait au déboisement de forêts dont elles tiraient leur subsistance. Assistant à ces réunions organisées par sa mère, Vandana Shiva ignorait à ce moment-là à quel point elle-même s'engagerait dans cette lutte qui servirait de modèle à bien d'autres combats écologiques à travers l'Inde et le monde entier.

Éduquée dans une atmosphère de grande liberté d'expression et de foisonnement intellectuel, la jeune Indienne avait vu dans les sciences phy-

siques un autre moyen de poursuivre la vérité et de percer les secrets de la vie. Elle ne supportait absolument aucune dissimulation et voyait dans la science une forme de connaissance pure permettant de disséquer la nature jusqu'à son grain de matière le plus insécable : l'atome. Ce dernier tient aujourd'hui encore une place centrale dans l'univers intellectuel de Vandana Shiva. En Inde, nul n'ignore que le bindi[7] rouge posé comme un soleil au milieu de son front est largement plus gros qu'à l'accoutumée. Mais personne ne sait pourquoi, tant elle est peu encline à s'épancher sur son apparence physique. Ce point de feutre qu'elle colle chaque matin sur sa peau porte en lui bien plus que le signe de sa foi. Il contient le souvenir de la mystérieuse période nucléaire de Vandana Shiva. « Ce symbole est au centre de tout », confiera-t-elle bien longtemps après avoir tourné le dos à sa carrière de physicienne nucléaire. « Vous souvenez-vous de la leçon numéro un en géométrie ? "Une ligne est un point qui bouge." Toutes les formes sont donc potentiellement incarnées par un point et mes recherches sur la théorie quantique m'ont appris que le point est la représentation même du potentiel. Par suite, tous les potentiels de l'univers se trouvent dans le point. » L'explication n'a rien d'un simple bon mot à servir aux interlocuteurs indiscrets. Il ne s'agit pas non plus d'un faux fuyant pour justifier sa période nucléaire. Au contraire, la capacité de Vandana Shiva à mêler science et spiritualité dans une étonnante harmonie est l'un des moteurs de sa démarche. Poursuivant son raisonnement sur l'atome et par suite du point de matière, Vandana Shiva rappelle que la philosophie tantrique accorde une grande importance à la représentation des idées, y compris graphiquement : le dessin de certaines figures géométriques est à la fois destiné à représenter la vérité, mais aussi à servir de moyen visuel de s'y référer. « Au fur et à mesure de mes découvertes dans ce domaine, mon bindi a grandi sur mon front, sourit-elle encore aujourd'hui. Et s'il en existait de plus gros dans le commerce, je les porterais ! »
Loin d'être un concept flottant quelque part aux confins de la philoso-

7 Aussi appelé *tika* ou *tilak*, ce point rouge indique l'appartenance à la religion hindoue. Il symbolise également le troisième œil du dieu Shiva.

phie et des sciences physiques, la notion de potentiel revêtait pour elle une importance concrète, qu'elle comptait bien mettre à profit dans sa propre vie. L'occasion allait se présenter plus rapidement que prévu, de manière inattendue, sous les traits de sa sœur Mira qui poursuivait des études de médecine à l'université chrétienne de Ludhiana, une autre ville du Panjab, située à seulement trois heures de route de Chandigarh.

1973 1987

La révélation

Fêtes religieuses, mariages, funérailles ou manifestations de protestation, quelle que soit l'importance de l'événement qui agitait Plachimada, les chèvres de Rita devaient se rendre sur les pâturages. Aussi, avant de retrouver les autres femmes du village devant les grilles de Coca-Cola, au matin du 23 janvier 2004, Rita dut emmener paître ses chèvres. Pradip lui aussi allait bientôt rejoindre le centre du village. La semaine précédente, il avait pris sur son temps libre pour battre le rappel dans toute la campagne environnante. Il avait parcouru les chemins de terre sur sa mobylette, piochant dans la pile de tracts ficelés à son réservoir. Les feuillets grossièrement imprimés devaient être remis à chaque famille pour que toutes participent à la manifestation. En temps normal, Pradip louait à l'avenant ses services de cuisinier et de chauffeur, au gré des opportunités. Mais aussitôt qu'une mobilisation se profilait, il se mettait au service des leaders locaux de la protestation contre Coca-Cola. Habitant sur les bords de la retenue d'eau, il ne pouvait que constater la baisse constante du niveau du barrage depuis le démarrage de l'usine, sans parler de l'eau souillée que l'on remontait des puits alentour. Il gardait aussi, comme accrochée à ses narines, l'odeur de la cellule où il avait été jeté deux ans plus tôt, à la suite de la première grande manifestation des villageois. Cette pestilence mélangeant les effluves de sueur, d'urine et de déchets fermentés semblait avoir imprégné un recoin de son cerveau. Avant d'être arrêté, Pradip avait reçu une pierre sur le bras – comme en témoignait toujours sa cicatrice –, mais sa blessure ne lui avait valu aucun traitement de faveur et le jeune père de famille devait comme tout le monde se passer de toilette et avaler un infâme brouet qui n'était agrémenté de viande ou de poisson qu'une seule fois par semaine.

Comme lui, Rita se souvenait des 15 jours passés à la prison de la ville voisine de Chittur, où près de 130 villageois avaient été enfermés. Mais ce souvenir n'avait pour effet que de la stimuler pour rejoindre la manifestation qui allait avoir lieu en cette matinée de janvier 2004. Les chèvres somnolaient dans une écurie sommaire dont le plancher était composé de branches d'arbres et le toit de palmes séchées. Il suffit à la bergère de faire claquer sa langue sans même jeter un œil sur les caprins pour les entraîner dans son sillage. Elles s'engouffrèrent agilement dans les ruelles de Plachimada en direction d'une clairière desséchée dont les baies faisaient le régal des animaux. Rita avait naturellement développé avec ses bêtes une étroite complicité dont elle avait à peine conscience. Elle lisait leur comportement comme un livre ouvert et connaissait les petites faiblesses, les manies et le caractère de chaque animal. Régulièrement, elle mettait de côté l'eau de cuisson du riz qu'elle versait dans une demi-douzaine de bassines autour desquelles les chèvres se pressaient, sans hésiter à chasser leurs congénères d'un coup de corne, sous l'œil des chevreaux auxquels Rita donnait le biberon.

La bergère avait eu ses premiers soupçons trois ans plus tôt, au printemps 2001, lorsque ses chèvres avaient commencé à boire l'eau de mauvaise grâce. N'avaient-elles pas pour habitude de se ruer sur l'eau fraîche et limpide du barrage ? « Quatre de mes chèvres sont mortes à cause de l'eau », explique aujourd'hui Rita avec un regard amer. « Peu de temps après avoir bu, elles montraient des difficultés pour marcher, puis elles s'allongeaient et mouraient, se souvient-elle. Un jour, elles firent demi-tour pour de bon et refusèrent de se désaltérer. Depuis, je dois leur donner l'eau du camion. » Plus tard, Vandana Shiva utiliserait l'exemple de cette lutte pour montrer combien les femmes sont proches de la nature et comprennent intimement son fonctionnement du fait de leurs innombrables tâches quotidiennes en relation avec les ressources naturelles : « À Plachimada, elles furent les premières à se mobiliser. C'est en priorité grâce à elles que le mouvement a par la suite pris une telle ampleur », martèle l'Indienne à chaque fois qu'elle fait référence à ce combat. Vandana Shiva tient ainsi à rappeler aussi souvent que possible la détresse des femmes de ce village lorsqu'elles ont réalisé que leur ressource était menacée. Qu'auraient pu faire ces mères de famille illettrées et issues de minorités ethniques ? Quels recours avaient-elles ? Une chose était certaine, quelques mois seulement après le remplissage des premières bouteilles de soda, les femmes avaient remarqué que l'eau non seulement se raréfiait, mais qu'elle était de plus en plus salée et étrangement poisseuse. « Quel que soit l'écosystème où l'on se trouve, il existe des données brutes telles que le niveau des lacs, celui des rivières ou des puits, l'état de santé de la végétation environnante, et bien d'autres encore, affirme Vandana Shiva. Les femmes de Plachimada, comme ailleurs en Inde, sont particulièrement attentives à ces données. Rien ne leur échappe ! » assure celle qui défend l'idée d'une science participative.

Rapidement, les soupçons de Rita se vérifièrent de manière aussi évidente que dramatique pour les familles du village. Mais durant les premiers mois, nul n'aurait pu faire le lien avec l'installation de l'usine. « Le riz que l'on mettait à chauffer le matin n'était pas prêt à midi : même portée à ébullition, l'eau ne parvenait pas à cuire nos aliments », se souvient une voisine de Rita. Après plusieurs cuissons, certaines familles avaient vu leurs casseroles se corroder puis se percer. « L'eau n'était même plus bonne pour laver les vêtements et encore moins pour y faire sa toilette, explique Rita ; elle ne moussait plus ». Mais au-delà de ces constats, les accidents graves se multipliaient. « J'ai été malade à de nombreuses reprises avant que l'on ne comprenne que l'eau était polluée, se souvient Pradip. J'ai dû aller à l'hôpital pour des problèmes d'estomac et prendre des médicaments. Mais c'était bien pire encore pour les nouveau-nés atteints de problèmes de peau ou de diarrhées, explique-t-il. Rapidement, on a pu remarquer que chaque semaine, deux ou trois personnes partaient à l'hôpital pour des problèmes similaires. »
Dans le restaurant de Murali, les clients commencèrent bientôt à se plaindre du goût du thé, ne pouvant réprimer une grimace lorsqu'ils trempaient les lèvres dans la boisson mélangée de sucre et de lait qui rythmait en principe leurs journées. Le paysan reconverti en restaurateur ne reculait pourtant devant rien pour satisfaire les salariés de Coca-Cola qui envahissaient chaque jour la salle : une télévision trônait au milieu de la pièce, enfermée dans un petit habitacle en plastique transparent que Murali avait fabriqué lui-même pour protéger le précieux objet de la fumée qui se dégageait du foyer. Il veillait aussi à soigner sa tenue : chaque matin, il écrasait un peu de santal entre ses doigts pour marquer son front et revêtait une chemise jaune, la couleur propre aux disciples de Narayan. Ces hindous se distinguaient de leurs coreligionnaires essentiellement par leur hygiène de vie : les représentations du gourou Narayan qui tapissaient les murs du restaurant suffisaient aux clients pour savoir que le propriétaire ne touchait jamais une goutte d'alcool ni même une cigarette. Une fois la fraîcheur matinale passée, dès 8 heures du matin, il devait néanmoins travailler torse nu à cause de la chaleur et du volume de travail qui l'attendait chaque jour.

Une bergère de Plachimada ramène en hâte ses vaches avant la mousson.

Surtout lorsqu'il décida de renoncer à l'eau des puits alentour pour aller deux kilomètres plus loin en chercher une acceptable. Bientôt, plus de 500 foyers furent privés d'eau potable. « Au début, beaucoup de villageois venaient s'approvisionner dans notre puits, explique Rita. Depuis quelques années, nous en possédions un, que nous avions creusé jour et nuit avec nos voisins pour réduire nos déplacements vers les points d'eau municipaux, ajoute-t-elle. Or, il était situé en aval du village et continuait donc à fournir de l'eau plus longtemps que les autres », raconte aujourd'hui la bergère avec fierté. Pourtant, elle dut bientôt emprunter, comme ses voisines, le chemin menant à la route nationale pour y attendre le camion-citerne. Certaines femmes devaient parcourir des kilomètres, chargées de leurs jarres en plastique, y compris les jours de mousson. Une fois posés sur le bas-côté pour attendre l'arrivée de l'eau, les récipients formaient un interminable patchwork coloré. « Le camion ne passant pas à heure fixe, beaucoup de mères de famille devaient sacrifier une partie de leurs tâches quotidiennes pour attendre, et ce plusieurs fois par semaine », se souvient Rita. Comme une maladie qui se répand irrésistiblement, la sécheresse et la pollution s'étendirent aux champs de riz dont le rendement diminua brutalement, puis aux cocotiers dont les noix n'arrivaient plus à maturité. Le décor paradisiaque de cette région connue pour être un vrai pays de cocagne se transforma bientôt en enfer pour ses habitants. Mais dans leur calvaire, les femmes avaient trouvé un premier élément de réponse à leurs questions. Toutes avaient remarqué un phénomène troublant : plus elles se rapprochaient de l'usine et plus les problèmes d'eau étaient importants.

Radiations

« Mais enfin, comment peux-tu passer tes journées à étudier ces horreurs ? » demandait régulièrement Vandana à sa sœur en débarrassant les os éparpillés sur le lit de Mira et les manuels de médecine couverts d'illustrations réalistes qui envahissaient sa chambre d'étudiante à Ludhiana. Du tac au tac, Mira la renvoyait aux interminables pages couvertes de chiffres et parsemées de symboles incompréhensibles dont Vandana avait apparemment fait un sacerdoce. Mais une fois leur rituel de moqueries terminé, les deux jeunes femmes avaient pour habitude de se confier l'une à l'autre, à cœur ouvert, comme peuvent le faire deux sœurs ayant presque le même âge. Leur enfance baignée de bonheurs simples, de spiritualité et de lecture avait créé une profonde complicité entre Mira et Vandana. Elles entretenaient une relation épistolaire régulière, rythmée par quelques visites. Mais pour Mira, cette soirée de 1972 ne s'annonçait pas comme leurs retrouvailles habituelles : sa sœur était en danger et Mira ne comptait pas rester sans rien faire.
Pendant que Vandana évoluait dans les arcanes de l'énergie atomique, Mira Shiva avait fait une rencontre décisive. Un de ses professeurs avait permis à l'étudiante de trouver sa voie : celle d'un engagement militant pour les questions de santé publique. Lutte contre la malnutrition, droit à la santé, protection des médecines traditionnelles, combat contre le monopole des grands laboratoires pharmaceutiques : Mira se passionnait déjà pour ces thèmes qui jalonneraient toute sa carrière. Savait-elle à l'époque que sa sœur et elle partageraient les mêmes combats ? Qu'elles se retrouveraient souvent assises côte à côte, dans les grands rassemblements pour la défense des populations tribales indiennes ou la lutte contre le brevetage ? Ce soir-là, rien ne permettait encore de le deviner. Au cours du dîner, la conversation roulait sur les petits événements qui avaient animé leur été. Mira avait découvert à la bibliothèque de la faculté un livre dont les illustrations autant que le texte valaient bien les plaies ouvertes, brûlures et autres ecchymoses de ses manuels de médecine. L'ouvrage rendait compte de la catastrophe de Minamata, cette bourgade installée sur l'île de Kyûshû qui donnerait bientôt son

nom à une maladie neurologique liée à l'intoxication au mercure. Outre les nombreux malades, 900 personnes avaient succombé entre 1949 et 1965 aux effets des métaux lourds directement rejetés dans la mer par l'usine pétrochimique de la compagnie Chisso. Certes, rien de nucléaire dans cette catastrophe, mais un point commun avec les réacteurs où Vandana se rendait constamment : l'industrie nucléaire ignorait, elle aussi, les éventuelles conséquences qu'elle pouvait avoir sur la santé. Progressivement, une sourde inquiétude s'était insinuée dans l'esprit de Mira tandis que Vandana lui décrivait les expériences « inédites » auxquelles elle participait.
« Vandana, je me fais vraiment du souci pour toi, sais-tu quels risques tu cours avec ce travail ? Sais-tu par exemple à quel niveau de radiation tu t'exposes ? Sais-tu que tu peux un jour accoucher d'enfants déformés si tu continues ? lui demanda solennellement sa sœur ce soir-là. D'ailleurs, connais-tu les effets de cette technologie sur la santé de la population en général et sur l'environnement ? » Alors même qu'elle se préparait à faire une thèse, Vandana dut bien reconnaître que non, elle n'en savait rien... Avec une belle sincérité, elle alla directement demander à ses collègues qui faisaient partie de l'élite nucléaire indienne quelles informations ils avaient à ce sujet. On l'éconduisit poliment, arguant que la question n'avait pas vraiment d'intérêt. Cette réponse que ses collaborateurs donnaient sur le ton des banalités ébranla la pierre d'angle sur laquelle reposait tout le système de valeurs de la jeune physicienne. « Je ne supporte pas que l'on fasse obstruction au progrès de la connaissance ! » martèle aujourd'hui encore Vandana Shiva, lorsqu'elle évoque cette période : « La liberté de rechercher une réponse à toute question posée est pour moi aussi importante que de respirer. Sans cette liberté, j'aurais réellement l'impression d'étouffer. J'ai été profondément choquée, mais aussi effrayée de voir que cette discipline, en laquelle je croyais tant, pouvait être à ce point instrumentalisée. »
Depuis cette prise de conscience, ses collègues de la Commission de l'énergie atomique n'eurent plus jamais de nouvelles de celle que l'on considérait comme un jeune prodige et dont la carrière semblait pourtant toute tracée.

Le rituel du départ

Cette révélation fit littéralement basculer la vie de Vandana Shiva. Elle décida non seulement de quitter l'Inde pour le Canada, mais aussi de quitter le domaine de l'énergie atomique et plus largement de tourner le dos à l'application pour revenir à la théorie, en se lançant dans une recherche en philosophie des sciences, portant sur la théorie quantique, dès 1973. « J'ai compris à ce moment-là combien la recherche scientifique pouvait être réductionniste, cela a contribué à ma compréhension du système et beaucoup de mes travaux ne sont que les suites de cette révélation », admettra plus tard Vandana Shiva. Sa confrontation avec l'obscurantisme scientifique avait déclenché une remise en question du système qui allait bientôt bouleverser sa vie. Avant de grimper dans son avion pour l'université de Toronto, la jeune femme accomplit une sorte de rituel de départ. Elle partit séjourner une dernière fois dans quelques-unes des forêts qu'elle avait arpentées avec son père pendant son enfance. Ce qui devait être un voyage bucolique se transforma en une série de constats amers : les ruisseaux et les rivières qui bouillonnaient encore dans ses souvenirs avaient été détournés ou asséchés pour les besoins de l'agriculture intensive. Quant aux arbres, ils avaient naturellement succombé à la soif, s'ils n'avaient pas été rasés pour faire place aux chantiers de l'industrie extractive. Émue et comme meurtrie par ces paysages désolés, Vandana vacilla et finit par s'asseoir au milieu des restes d'une chênaie jadis foisonnante. Son éducation avait noué entre elle et la nature un lien très intime. Un dialogue qui n'avait jamais vraiment cessé. Mais la voix des derniers arbres qui se balançaient ce jour-là au-dessus d'elle sonna comme une plainte désespérée. La jeune femme perçut alors une sensation qui plus tard reviendrait à chaque fois qu'elle assisterait à la dégradation du milieu à grande échelle : une douleur physique. Ce souvenir la marquerait tout particulièrement, sans doute parce que ce dialogue renoué avait fini d'ancrer en elle le désir de s'engager. Elle décida, quels que soient ses projets professionnels, de rejoindre une bonne fois pour toutes le mouvement Chipko.

Pour l'heure, la jeune femme survolait sa terre natale, tandis que l'avion virait en direction du couchant, vers Toronto, où elle s'apprêtait à rejoindre son université. Une fois sur place, Vandana Shiva fut heureuse de découvrir son nouveau cadre de vie. Elle allait nouer ici des amitiés fortes et des relations fidèles, notamment avec les enseignants. Dès les premières semaines de travail, Vandana retrouva l'épanouissement intellectuel dont elle avait tant besoin. Son immersion dans l'univers de la physique fondamentale lui fit l'effet de ces brises revigorantes montant chaque été du lac Ontario vers les immeubles rectilignes de Toronto. Aujourd'hui encore, plus de trente-cinq ans après avoir posé le pied pour la première fois sur le tarmac de la ville canadienne, Vandana Shiva retrouve régulièrement les amis qu'elle rencontra pendant la rédaction de sa thèse de doctorat dans les années 1970. De même, le souvenir de ses premiers contacts avec la société occidentale reste bien vivant dans son esprit. « Comment ça va ? » lui demandaient ses pairs lorsqu'ils la croisaient dans les couloirs de l'université. Durant les premières semaines, la jeune femme prenait la question très au sérieux et faisait à son interlocuteur l'honneur de lui avouer ses petits soucis du moment (logement, papiers, etc.), malgré son caractère peu expansif. Elle mit quelque temps à comprendre l'embarras puis l'empressement qui saisissait ses collègues après quelques minutes de conversation… La question « Comment ça va ? » était en réalité de pure forme : elle valait pour une salutation aimable et n'appelait qu'une réponse courte. Mais ce détail n'avait rien d'anodin et Vandana Shiva mesurait par contraste toute la valeur des relations humaines entretenues dans son propre pays. Les membres d'une même communauté, qu'elle soit professionnelle, étudiante ou simplement unie par les liens du voisinage, se souciaient sincèrement du sort de leurs proches.

Plus largement, l'universitaire indienne fit l'expérience de l'individualisme régissant les relations sociales dans une société dite « développée ». Échouée dans un campus que les Canadiens désertaient chaque week-end, Vandana Shiva ne pouvait s'empêcher de se rappeler la douce euphorie des fins de semaine à Dehradun, lorsqu'elle passait prendre ses amies avec la voiture de son père. Quelle que soit sa taille, le véhicule offrirait forcément assez de place pour toutes, quitte à s'asseoir sur les genoux les unes des autres ! La brochette de jeunes filles compressées sur les sièges passait complètement inaperçue, car si toutes sortes de véhicules roulaient sur le pavé de Dehradun, tous avaient un point commun : qu'ils transportent du bétail, des piles d'étoffes, des caisses ou des personnes, leur chargement débordait ! Le contraste avec le Canada était saisissant : Vandana n'en revenait pas de voir chaque étudiant de l'université d'Ontario parcourir seul dans sa voiture personnelle 500, voire 800 kilomètres pour aller retrouver ses parents ou sa petite amie. La jeune Indienne comprit vite que ce qu'elle avait pris pour un objet de libération en Inde était devenu ici une sorte de prison miniature où l'on s'enfermait des heures durant pour un prétexte ou un autre. Tous les étudiants qui attendaient fébrilement le week-end pour partir à tout prix et faire du tourisme rendaient aussi Vandana perplexe. La seule compagnie de quelques amis pour discuter paisiblement la rendait suffisamment heureuse. Celle qui travaillait quelques mois plus tôt pour les fleurons de la technologie nucléaire indienne avait finalement remis en question la notion de progrès et de modernisation, ainsi que la société industrielle qui en découlait.

Pour autant, Vandana Shiva se sentait à son aise dans cette faculté où la théorie quantique n'était pas seulement abordée sous l'angle scientifique, mais aussi, entre autres, par des philosophes ou des épistémologues. À la sortie des cours et autres conférences, son sari coloré forma bientôt le centre d'un petit cercle de camarades qui se retrouvaient de plus en plus souvent. Nul ne s'offusquait des analyses décapantes de Vandana Shiva, bien au contraire. La jolie chaînette argentée attachée au chignon brun de l'étudiante expatriée pouvait tintinnabuler librement à chaque fois qu'elle disait « non ». Ses positions aussi fermes que souriantes contribuaient en réalité à la bonne humeur générale. Sa culture faite d'un mélange de spiritualités orientales et d'érudition scientifique ne cessait de surprendre les Canadiens, qui s'attachaient au personnage de Vandana. Une ambiance chaleureuse qui ne parvenait pourtant pas à distraire la militante de ses préoccupations indiennes : son esprit accompagnait en permanence les femmes du mouvement Chipko, à qui elle rendait visite le plus souvent possible pour soutenir leur lutte.

« Nous préférons mourir »

En cette matinée d'avril 1973, alors qu'une escouade de bûcherons fourbissaient leurs outils, un silence brumeux enveloppait encore la futaie entourant le village de Mandal. Quel bruit aurait pu troubler ce hameau himalayen perché aux confins de l'Inde et du Tibet ? Le froid qui engourdissait les ouvriers allait vite se dissiper : ils devaient abattre 300 frênes pour le compte d'une entreprise d'équipements sportifs, la Simon Company. Avant que les haches n'aient pu mordre la moindre écorce, un véritable tonnerre envahit brutalement la forêt : venu du village, le son des tambours se rapprochait à grande vitesse et résonnait sous la voûte végétale. Les manifestants se précipitèrent bientôt pour encercler chaque arbre en se donnant la main par groupes de trois. « Nous préférons mourir plutôt que d'abandonner notre forêt », déclarèrent-ils. Cet acte de protestation consistant à étreindre les arbres pour les protéger avait donné son nom à ce mouvement antidéforestation appelé « Chipko » (littéralement « enlacer, étreindre les arbres »). Les ouvriers comprirent vite que les paysans auxquels ils avaient affaire étaient sincères et absolument déterminés. Ils renoncèrent et battirent en retraite sans couper un seul arbre. Mais les dirigeants de la Simon Company, décidés à abattre leur bois, trouvèrent rapidement une autre forêt à déboiser, située à 80 kilomètres de là...

L'information vola aussi vite que les aigles au-dessus des montagnes vers les habitants de la forêt visée. Ces derniers suivirent les conseils des paysans de Mandal. Six mois de lutte furent cette fois-ci nécessaires pour dissuader la Simon Company de s'attaquer à la forêt, véritable garde-manger des communautés locales. Ces premières actions ne furent que le prélude à une série de combats dont la tension ne cessait de croître. Des centaines de petits villages avaient déjà subi les conséquences de la déforestation : perte des ressources forestières, mais aussi inondations et glissements de terrains engloutissant régulièrement des maisons, voire des villages entiers. Les arbres ne jouaient plus leur rôle pour stabiliser les coteaux

Pages précédentes : *Réunion de femmes au Zanskar, l'une des régions les plus reculées de l'Himalaya indien.*

abrupts de l'Uttarakhand. Outre ces catastrophes, au quotidien, les femmes étaient les plus touchées par la déforestation. Où pouvaient-elles collecter les fruits forestiers dont elles nourrissaient la communauté ? Où emmener leurs troupeaux qui se régalaient de baies protégées du soleil par les frondaisons ? Où glaner le bois sec destiné à la cuisson et au chauffage ? Les mères et leurs filles furent les premières à s'opposer aux prédateurs qui convoitaient les arbres, prêtes à sacrifier leur vie pour ce bien collectif. D'une vallée à l'autre, la mobilisation se propagea sur tous les contreforts himalayens où plusieurs villages s'unissaient souvent pour venir à bout des cohortes de camions de police qui accompagnaient les bûcherons. « Si vous souhaitez abattre cet arbre, commencez par m'abattre ! » lançaient les femmes aux hommes armés qui les battaient pour les déloger.

À 21 ans, Vandana Shiva était rapidement devenue à la fois la plus jeune recrue de ce mouvement auquel appartenait sa mère, mais aussi l'une de ses représentantes les plus ardentes. Dès sa première année d'études au Canada, elle utilisa ses deux voyages annuels en Inde, d'un mois chacun, pour arpenter la montagne de village en village et rencontrer les femmes, leur prêter sa plume dans leur lutte contre les autorités et faire croître le mouvement. Son exil canadien l'avait empêchée de participer à certaines manifestations importantes du mouvement, mais Vandana entretenait toujours l'art du dédoublement. De même que plus jeune son esprit s'évadait du couvent pour visiter les équations einsteiniennes, la doctorante expatriée, depuis sa chambre de Toronto, suivait le moindre geste de ses sœurs de lutte, en plein Himalaya. Les longues excursions forestières de Vandana Shiva, qui accompagnait les femmes du mouvement Chipko, furent pour elle une expérience initiatique sur laquelle allait se construire le corpus idéologique qu'elle développerait par la suite. « Mon engagement pour le mouvement Chipko et le début de mes études sur la théorie quantique au Canada ont marqué pour moi un nouveau départ. Ces deux engagements m'ont aidée à dessiner une idée plus large du monde, une vision holistique[1], confiera-t-elle plus tard. Avant que j'aie pu m'en rendre

---

1 Le holisme peut se définir comme une tendance de la nature à constituer des ensembles qui sont supérieurs à la somme de leurs parties, au travers de l'évolution créatrice. Plus simplement, il s'agit d'une vision interdisciplinaire, voire adisciplinaire de l'écologie.

« Si vous souhaitez abattre cet arbre, commencez par m'abattre ! »

compte, l'écologie avait pris la première place dans ma vie. »

Au fil des jours et des semaines passés en compagnie des femmes du mouvement Chipko, Vandana Shiva avait découvert l'une des raisons profondes qui motivait son attachement à leur démarche. Cette physicienne, qui dans son cadre professionnel était entourée d'« experts reconnus », avait été troublée par l'expertise environnementale extrêmement poussée de ces paysannes que le commun des Indiens désignait sans gêne comme « primitives » ou « arriérées ». Bien au contraire, Vandana Shiva voyait là de véritables puits de science dont les connaissances étaient d'autant plus précieuses qu'elles s'ancraient dans une pratique quotidienne de la biodiversité et dans un mode de vie aussi humble que respectueux de la nature. Arpentant la montagne aux côtés de ces paysannes, elle put mesurer la variété des tâches accomplies par les femmes dans la forêt et leur connaissance approfondie des écosystèmes environnants. Qu'il s'agisse de la santé d'un arbre, du niveau d'une rivière, ou du comportement d'un animal, rien n'échappait à ces fermières aussi bien bergères que cueilleuses, dont la vie dépendait des écosystèmes qu'elles parcouraient en permanence. Mais ce qui était valable en forêt l'était aussi aux champs. « Les femmes ont été les gardiennes des semences depuis des temps immémoriaux, et leurs connaissances et leurs compétences devraient être la base de toutes les stratégies d'amélioration des récoltes », écrirait Vandana Shiva quelques années plus tard[2]. Elle découvrait progressivement la profondeur du lien qui unissait le sort des femmes à celui de la nature et prenait de plus en plus de notes à ce sujet, consignant pêle-mêle témoignages et descriptions. L'activiste indienne comptait bien mettre au grand jour la tendance générale à négliger le travail des femmes, voire à le rendre invisible. Ces activités féminines assimilées par le plus grand nombre à un « non-travail » ou une « non-connaissance » faisaient en réalité appel à des pratiques culturelles et scientifiques élaborées. Sans qu'elle en ait encore

2 *Écoféminisme*, Mari Mies et Vandana Shiva, L'Harmattan, 1999 (1re édition anglaise en 1982).

conscience, ni que le mot ne soit prononcé, Vandana Shiva était bel et bien en train de formuler une théorie fondamentale pour son action dans les années à venir : l'écoféminisme.
« Sur un hectare de terres cultivées, un couple de bœufs travaille 1 064 heures par an, un homme 1 212 heures et une femme 3 485 heures : une femme travaille donc plus longtemps qu'un homme et les animaux de la ferme combinés ![3] » Tel est le type de constat que dressait la militante, mais sa réflexion déjà « écoféministe » ne se limitait pas à ce type de comparaison entre les deux sexes. Elle reposait bien davantage sur une observation fine du statut de mère ou de fille dans les pays du Sud : la philosophe les voyait comme celles qui donnent la vie, pas seulement biologiquement, mais aussi à travers leur rôle social, puisqu'elles s'occupent de la préservation et de la reproduction des graines et subviennent aux besoins alimentaires de leur entourage. « Toutes les communautés forestières ou paysannes dont la vie s'organise autour d'un principe de durabilité et de reproduction de la vie incarnent la nature même de la femme », résumait Vandana Shiva. Au cœur de cette vision se trouvait ce que l'écrivaine allait bientôt appeler « la perspective de subsistance ». Ce concept exprime les « nécessités fondamentales de la vie » (sécurité alimentaire, protection de la biodiversité, etc.). Or, selon la scientifique, les femmes sont plus proches de cette perspective que les hommes, en particulier grâce à leur rôle de mère. La nécessité de préserver la vie quitte à se sacrifier pour la communauté et à favoriser le partage serait naturellement ancrée dans les gènes féminins, selon Vandana Shiva.
La militante avait formulé ces observations au fil du temps passé avec les militantes du mouvement Chipko. Mais un autre constat l'avait frappée : ces paysannes faisaient preuve d'un courage spontané et d'un héroïsme dépourvu de toute vanité en exposant leurs corps aux armes et aux coups des forces de l'ordre pour protéger la forêt. En réalité, elles ne se voyaient ni plus ni moins que comme l'un des innombrables éléments – buissons, pierres, oiseaux, insectes, feuillages… – inextricablement liés au sein de ce vaste ensemble que constitue la nature. Les paysannes du

3 *Op. cit.*

mouvement Chipko avaient une conscience profonde de cette communauté de destin. Elles ne parlaient pas de holisme tant l'idée leur semblait aussi banale que de mettre un pied devant l'autre. A-t-on besoin de nommer un réflexe aussi anodin que de s'endormir le soir et s'éveiller le matin ? La perception de la nature et le rôle de ces femmes au sein de cet environnement – en somme leur vie de tous les jours – était une définition vivante de l'écologie holistique, considérant la nature comme un ensemble bien supérieur à la somme de ses parties. De cette vision découlaient une humilité et un respect quasi religieux de la nature. « Pourquoi enlèves-tu tes chaussures avant de pénétrer dans la forêt ? » demanda un jour Vandana à l'une des femmes qu'elle suivait. « Ne risques-tu pas de t'écorcher ? Regarde, le sol est jonché d'épines, de branches pointues et d'herbes coupantes.

– Non, c'est moi qui risque bien de blesser la nature qui nous entoure, répondit son amie en toute sincérité. D'ailleurs, avant de pénétrer sous la voûte des arbres, j'adresse une prière à la forêt. Je lui dis que je vais collecter ici des aliments, du bois de cuisson, de l'eau et du fourrage pour mes bêtes et que je ne prélèverai que ce qui est absolument nécessaire et rien de plus, énonça-t-elle solennellement. Je lui dis que j'utiliserai ses présents avec la plus grande attention. Enfin, je lui demande pardon pour les douleurs que je lui inflige », expliqua cette mère de famille.

Comment une physicienne plongée en permanence dans les démonstrations chiffrées, passionnée par les mathématiques et les « sciences dures » depuis l'enfance pouvait-elle être sensible à ce type de discours ? Vandana Shiva ne voyait là aucune contradiction et s'amusait de n'être jamais là où on l'attendait, se dérobant systématiquement à toute tentative de classement des individus. Cette tendance à catégoriser les personnes n'était-elle pas vaine et réductrice ? Ce don d'ubiquité que cultivait Vandana ne l'empêchait pas de savoir qui elle était, ni où plongeaient ses racines. Elle n'avait rien oublié des douces après-midi passées en famille à écouter tel ou tel prêcheur, qu'il s'exprimât du haut d'une chaire religieuse, sur une estrade en place publique ou simplement assis en tailleur sur les bords du Gange. Cette ouverture d'esprit allait vite être sa signature très personnelle et donner une puissance considérable à ses paroles.

Mais pour l'heure, sa connaissance de l'hindouisme l'aidait à découvrir la force cachée de ce qu'elle nomme le « principe féminin ». Outre le lien intime qui relie les femmes à la nature du fait de leurs tâches de la vie quotidienne, Vandana Shiva rappelle à travers ses écrits que ce lien existe aussi à travers les textes religieux[4]. Du point de vue de la cosmologie indienne, tous les êtres vivants naissent d'une seule et même énergie primordiale appelée *Shakti,* qui représente à la fois le principe féminin et la force créatrice par nature. Les mères et les filles dont Vandana partageait régulièrement le rude quotidien des hautes vallées de l'Uttarakhand incarnaient parfaitement cette conception. Mais elles représentaient aussi un idéal d'organisation : le mouvement Chipko n'avait ni hiérarchie, ni notable, ni infrastructure. Il évoluait de manière totalement indépendante de l'élite, les décisions n'appartenant qu'aux seules femmes qui le composaient et qui pouvaient, toutes affaires cessantes, se mobiliser. Ce que Vandana Shiva venait chercher ici durant ses longs séjours passés à soutenir le mouvement autant qu'à l'observer, elle le rendrait au centuple dans les années à venir. Elle allait bientôt mettre fin à ses longs séjours au Canada et remporter des victoires encore inimaginables pour les femmes de la région.

Recherche participative

À peine eut-elle prononcé les derniers mots de sa soutenance à l'université d'Ontario, le 10 décembre 1978, que la jeune doctorante indienne se précipita vers l'aéroport pour s'envoler le soir même vers son pays où l'attendaient sa famille, mais aussi ses « sœurs de lutte » : les femmes du mouvement Chipko. Vandana Shiva planta là ses pairs, plus amusés que surpris de voir la physicienne tourner le dos une fois de plus et sans hésiter à leurs propositions de postes confortables, à une carrière toute tracée, jalonnée d'honneurs et garantissant une sécurité matérielle qu'elle

4 *Staying Alive: Women, Ecology and Survival in India,* Vandana Shiva, 2010 (1re édition en 1988).

n'aurait aucune chance de trouver en Inde. « J'observais autour de moi ces scientifiques installés dans leur carrière et finalement assis sur leurs lauriers. Je ne voulais pas de cette vie étriquée ! » se souvient-elle encore. Cela n'empêcherait pas, bien des années plus tard, l'université d'Ontario de contacter Vandana Shiva et de lui proposer un doctorat honorifique pour son travail sur la biopiraterie. Une offre acceptée par la physicienne. Mais pour l'heure, de retour en Inde, Vandana Shiva avait bien l'intention de mieux comprendre les rouages qu'utilisaient les scientifiques et les industriels pour imposer leurs projets au reste de la population. Elle rejoignit donc l'Institut scientifique indien de Bangalore, où elle entama une recherche interdisciplinaire portant sur la politique scientifique, technologique et environnementale en Inde. Pourtant, la vie de Vandana ne se jouait décidément plus derrière les murs d'une université : l'action avait pris rapidement la première place dans sa vie et tout son être serait désormais tourné vers « l'écologie de terrain » qui plus tard forgerait son image à travers le monde entier.

Vandana Shiva eut bientôt l'opportunité de mettre à profit la complémentarité entre son érudition scientifique et son engagement militant : en 1981, le ministère de l'Environnement lui demanda d'étudier les effets de l'industrie minière sur le milieu dans la vallée de Dun (près de sa ville natale de Dehradun). L'approvisionnement en eau de la région dépendait largement de « la ceinture calcaire », un système géologique enfoui sous terre, qui encerclait la région. Il était aussi invisible qu'indispensable pour alimenter les rivières alentour. Quelques entreprises avaient fait main basse sur ces zones calcaires – parfois au mépris de la loi – avant de déboiser largement puis d'extraire des quantités industrielles de minerai. La militante fut la première surprise en lisant son ordre de mission : non seulement cette région était celle où elle avait grandi, mais aussi celle où elle avait rencontré puis intégré le mouvement Chipko, qui précisément luttait contre la déforestation provoquée par l'extraction minière. À l'aube de ses 30 ans, elle n'allait pas laisser s'échapper cette

Vandana Shiva avec un groupe de femmes venues se former à l'Université des graines.

« Quand le commerce détruit la vie, alors ce commerce doit cesser et la vie continuer. »

occasion d'obtenir une première victoire sur les industries polluantes. Signe du destin, Indira Gandhi était venue elle-même dans la région offrir son soutien à cette cause. Cette femme que Vandana avait rencontrée enfant dans sa maison de Dehradun, aux côtés de sa mère, s'était rendue cette fois-ci à quelques kilomètres de la maison familiale, au village de Mussoorie, dominant la vallée de Dun. Ce relief débonnaire appelé « la reine des collines » était vénéré par la population locale, mais avait été entièrement déboisé, puis criblé de carrières. « Notre reine des collines a été littéralement mise à nu par la mafia de l'industrie minière ! » avait alors scandé Indira Gandhi devant la population locale.

Vandana Shiva ne comptait pas seulement transformer cette étude sur les impacts de l'extraction minière en victoire pour la nature, elle avait bien l'intention de mettre en œuvre des méthodes scientifiques tranchant radicalement avec les procédés académiques habituels. Elle voulait faire de ce travail de recherche un outil participatif : les populations locales devaient en être les acteurs principaux. Non seulement les résultats seraient plus fiables, mais les habitants de la région tireraient pleinement profit de l'étude. Ceux qui vivent dans et de la nature ne sont-ils pas des experts à leur manière ? C'était du moins la théorie que comptait appliquer Vandana Shiva. Selon elle, les témoignages de cinq cents villageois remplaçaient avantageusement l'avis de trois experts ultraspécialisés et grassement payés. « Avant de démarrer cette étude, j'ai demandé aux villageois quel était le principal problème posé par les mines. Ils m'ont dit "l'eau" immédiatement et c'est ainsi que j'ai identifié le point de départ de cette recherche. Il fallait avant tout analyser l'impact sur les ressources en eau plutôt que seulement les nuisances esthétiques. Ensuite, je suis allée absolument partout : dans chaque vallée, dans chaque hameau de cette zone calcaire, se rappelle la chercheuse. Les villageois sont pour moi d'excellents informateurs, je leur demandais où se trouvaient les sources, à quelle hauteur s'élevait exactement le niveau de la rivière avant et après le minage, en quoi cela avait modifié le parcours des femmes pour aller chercher l'eau, comment certains villages avaient été emportés par les soudaines inondations, etc. Ils me montraient comment les résidus de l'industrie minière détournaient les cours d'eau et modifiaient jusqu'au moindre ruisseau : certains qui étaient auparavant trois mètres en dessous du niveau du sol se retrouvaient un mètre cinquante au-dessus et débordaient ! Du coup, l'eau, au lieu de rejoindre les rivières, détrempait les champs puis renversait les maisons en saison des pluies », se souvient Vandana Shiva.

Sa manière d'interpréter les données recueillies était également visionnaire : alors que l'on commence tout juste aujourd'hui (30 ans après cette étude) à quantifier les « services rendus par la nature » et leur valeur économique, la chercheuse en avait fait son étalon de mesure dès le début des années 1980. Elle constatait qu'au moment de lancer un projet de carrière, seuls les revenus sonnants et trébuchants encaissés par l'industrie minière étaient comptabilisés. On ne tenait pas compte des gains que générait la nature avant l'implantation d'une activité, autrement dit des bénéfices déjà existants pour la population locale. « Nous avons calculé que la présence du calcaire dans la montagne offrait deux cents fois plus de bénéfices que son extraction industrielle ! L'exploitation du calcaire détruisait purement et simplement les réserves d'eau », s'emporte encore Vandana Shiva, des années après la réalisation de cette recherche qui allait déclencher un violent conflit entre la population et les entreprises.

L'imposante somme de données minutieusement consignées, puis étayées de multiples relevés et autres cartes hydrologiques et géologiques constitua une arme efficace contre laquelle les lobbies miniers, quels que fussent les montants consacrés à la corruption des autorités, ne purent rien faire. Cette étude conduisit à la première décision légale de la Cour suprême d'Inde en faveur de l'environnement : le verdict stipulait que « quand le commerce détruit la vie, alors ce commerce doit cesser et la vie continuer ». Officiellement, les carrières devaient donc cesser leur activité.

À l'aune de cette décision inédite, les femmes du mouvement Chipko ne purent que constater l'efficacité et la détermination hors normes de Vandana Shiva. Cachée derrière une paire de lunettes rondes, sourire en bandoulière, elle ne lâchait jamais son carnet de notes et ne baissait décidément pas la garde. Du reste, Vandana elle-même ne boudait pas son plaisir : cette première grande victoire, outre sa forte valeur symbolique face aux industries polluantes, vint confirmer la convergence qu'elle défendait, entre les connaissances des habitants de la forêt et la recherche scientifique. « C'est en faisant fonctionner cette convergence que nous avons gagné, analyse-t-elle aujourd'hui. Cela donne un instrument de lutte très puissant. Cette époque a été un tournant pour moi. J'ai compris que j'avais la capacité de traduire mon engagement en actions et en victoires. J'ai mesuré à ce moment-là l'impact d'études ciblées de ce type. Je me suis dit que si tel en était l'effet, c'était plus important de faire ce type d'études que d'avoir un bon statut professionnel. Je songeais déjà sérieusement à quitter mon poste universitaire à Bangalore », raconte-t-elle. Entre-temps, le rapport rendu par la scientifique fit l'effet d'une bombe dans la région, déclenchant des manifestations et des violences : solidement protégés par un système mafieux, les exploitants des carrières ne reculaient devant rien pour défendre leurs concessions.

« N'oubliez pas que vous vivez avec un bébé de 8 mois et un père de 80 ans », souffla un jour une voix anonyme lorsque Vandana décrocha son téléphone. Si vous voulez les voir encore en vie, arrêtez votre combat », assena son interlocuteur avant de raccrocher. Vandana Shiva avait en effet accouché quelque temps plus tôt de son fils, Kartikey Shiva (son mari ne ferait qu'un passage rapide dans la vie mouvementée et désormais menacée de cette pasionaria). Les exploitants miniers, faute de respecter la décision de la justice indienne, comptaient radicaliser leurs méthodes, quitte à recourir à la violence.

Sit-in

Un matin de 1983, un groupe de femmes vint frapper à la porte de Vandana Shiva qui habitait alors à Dehradun :

« Nous sommes venues vous voir pour comprendre ce que vous avez contre nous, demandèrent les visiteuses.

– Mais rien du tout, pourquoi aurais-je quoi que ce soit à vous reprocher ? interrogea Vandana Shiva, interloquée.
– Vous avez lutté aux côtés de nombreux villages, mais jamais contre les mines qui se trouvent chez nous ! lancèrent les villageoises.
– Il n'y a pas de mines dans votre zone, c'est la raison pour laquelle je ne m'y suis pas rendue », rétorqua Vandana Shiva, incrédule, avant de faire entrer les femmes dans sa maison.
Une fois les cartes officielles dépliées sur la table, toutes découvrirent bientôt la raison du quiproquo : les concessionnaires s'étaient tout simplement arrangés pour que les mines ne soient pas répertoriées...
« Accepteriez-vous de vous joindre à la manifestation que nous organisons pour demander la fermeture des mines ? s'enquirent les visiteuses matinales de Vandana Shiva.
– Bien sûr ! » répondit-elle aussitôt, sachant pourtant qu'elle devrait emmener sur place un compagnon bien fragile pour une telle protestation, fût-elle non-violente.
En effet, dans une autre pièce de la maison dormait paisiblement un bébé âgé de 2 ans : son fils Kartikey. Le jour du rassemblement, la jeune maman n'eut d'autre solution que de caler son bébé sous son bras avant de grimper à pied les 11 kilomètres de sentier raide pour rejoindre les manifestants. Cet enfant ne portait-il pas le nom de la divinité hindoue qui défie les démons ? Dans les textes sacrés, Kartikey n'est autre que le fils du dieu Shiva, le plus vénéré de la mythologie védique.
Quelque temps après cette première visite au domicile de Vandana Shiva, un autre visiteur se présenta devant sa porte, le souffle court : « Les femmes viennent d'être battues à coup de barres de fer, de chaînes et de jets de pierre, beaucoup d'entre elles souffrent de blessures graves ! » s'écria-t-il. À cette période, le rapport rendu par Vandana Shiva avait conduit les autorités à ordonner la fermeture des carrières, mais certains concessionnaires refusaient tout simplement de se plier à la loi. Les femmes du mouvement Chipko devaient elles-mêmes s'opposer au passage des camions pour faire appliquer le jugement. Ce jour-là, l'un des exploitants avait envoyé 200 hommes de main afin d'écraser ce mouvement pourtant pacifiste, mené par quelques paysannes pauvres. En entendant

le témoignage haletant du jeune homme, Vandana monta aussitôt à l'arrière de sa moto qui ferrailla bientôt sur les pistes conduisant à la carrière de pierres et au chevet des blessées. En voyant le paysage défiler, l'écologiste était obsédée par l'image de ses sœurs de lutte aux membres ensanglantés. Mais elle ne pouvait pas non plus s'empêcher de songer que de telles agressions les conduiraient à baisser les bras. Une fois sur place, le spectacle qu'elle vit la remplit à la fois de tristesse et d'un espoir infini : malgré leurs bandages maculés de taches sombres, leurs visages pleins d'ecchymoses et leurs membres écorchés, les femmes du mouvement Chipko étaient toujours assises là où les avaient trouvées leurs attaquants. Ces derniers avaient battu en retraite et les manifestantes n'avaient pas cédé un pouce aux bulldozers toujours maintenus hors de la carrière ! Le lobby de l'industrie extractive dut cesser son pillage, respecter le verdict de la Cour suprême, et fermer en quelques mois 53 des 60 carrières de la région.

Avant même ces événements, alors que la lutte contre les mines de la vallée de Dun faisait rage, Vandana Shiva prit plusieurs décisions importantes : quitter pour de bon son poste à l'Institut scientifique indien de Bangalore et lancer son propre établissement de recherche. En 1982, elle annonça la création de la Fondation de recherche pour la science, la technologie et la gestion des ressources naturelles. Cette structure lui permettrait de mener d'autres études comme celle qui avait analysé l'impact des mines. La jeune femme, en agissant ainsi, se privait de la sécurité que lui offraient ses uniques revenus provenant de l'Institut scientifique indien de Bangalore, mais elle ne souhaitait plus appartenir à une institution académique. « Je n'avais tout simplement plus de ressources », sourit encore l'écologiste qui ne trouva d'autre hébergement pour établir son bureau que l'écurie de la maison familiale de Dehradun qui abritait auparavant les vaches dont s'occupait sa mère. Cette économie de moyens n'était pas tant une situation passagère qu'une stratégie inspirée par Gandhi, mais aussi par le mouvement Chipko : son efficacité découlait de l'absence de structures coûteuses et de hiérarchie et laissait toute sa place à la défense des forêts et de ses habitants. Les femmes pouvaient se mobiliser d'une manière entièrement spontanée,

sans qu'aucun enjeu de pouvoir ou d'argent vienne biaiser leur objectif. Cette liberté facilitait grandement leur réactivité et leur engagement.
En revanche, les grandes ONG, avec leurs multiples antennes, leurs salaires et leur bureaucratie paralysante, tenaient lieu de contre-exemple aux yeux de Vandana Shiva. Lorsque l'ONU lui proposait une mission compatible avec son combat et fortement rémunérée, elle n'hésitait pas une seconde à donner son accord, tout en n'acceptant qu'une maigre partie du montant. Ce choix découlait aussi des méthodes participatives de recherche employées par Vandana Shiva, qui mettaient à profit le témoignage des populations plutôt que l'expertise de quelques scientifiques ayant pignon sur rue. Son éducation avait aussi conduit cette femme à n'avoir que de très faibles besoins. Libre de fixer son revenu, cette écologiste et philosophe désormais très sollicitée ne s'octroyait que 2 000 roupies (35 euros) par mois, ce qui représentait un montant dérisoire. « Avec ce qui me restait, je soutenais de nombreux mouvements à travers l'Inde tels que Chipko bien sûr, ou encore les victimes de Bhopal par exemple », se souvient Vandana Shiva.
Au cours des années suivantes, l'institut dirigé par Vandana Shiva honora de nombreux contrats qui allaient durablement ancrer son engagement dans le domaine de l'agriculture. L'un d'entre eux aboutit à la publication d'un ouvrage, « La violence de la Révolution verte », qui devint par la suite un classique international des opposants à l'agriculture intensive. Ce texte rend compte d'une étude effectuée au Panjab et commandée par les Nations unies. Vandana dut se déplacer à de nombreuses reprises au cours de l'année 1984 dans cette province indienne agitée par des combats entre l'armée et le mouvement fondamentaliste sikh. Elle parvint à démontrer que la Révolution verte*, cette modernisation de l'agriculture apparemment pleine de promesses, détruisait la sécurité alimentaire des paysans, faisant le lit du terrorisme et de la violence. Au cours de cette année tragique, plusieurs événements secouèrent le sous-continent : en représailles de la répression de l'armée au Panjab, Indira Gandhi, alors Premier ministre, fut assassinée par ses propres gardes du corps sikhs, puis la catastrophe industrielle de Bhopal faucha des milliers de vies, avant qu'une sécheresse grave ne pétrifie littéralement les

cultures dans la province du Karnataka, ruinant les paysans. Cette catastrophe agricole, due aux méthodes intensives et amplifiée par l'érosion et l'assèchement des ressources en eau, ne fit que conforter l'engagement de Vandana Shiva en faveur de l'agriculture biologique. Plus précisément, elle se lança dans la défense des variétés locales de graines à la suite d'une révélation décisive qui allait la bouleverser en 1987, dans le décor paisible du village de Bogève, en Haute-Savoie.

1987

1992

La graine et le rouet

« C'est en 2002 que j'ai reçu le tout premier coup de téléphone des habitants de Plachimada. Je ne savais ni qui me parlait, ni où ce village se trouvait, se souvient Vandana Shiva. Mais leur histoire m'a immédiatement émue. Ayant vu beaucoup de mouvements au cours de ma vie, je savais ce qui allait arriver : les policiers allaient écraser cette rébellion, mettre ces femmes en prison et plus jamais personne n'entendrait parler de cette lutte » se rappelle la militante indienne. À cette période, pour les habitants du village, le lien entre la dégradation de leurs ressources en eau et l'activité de l'usine d'embouteillage ne faisait plus le moindre doute. Pourtant, tout était réuni pour que le mouvement de protestation se solde par un échec. La presse feignait d'ignorer les premières alertes lancées par la population ou les tournait en dérision. Le Panchayat (équivalent de nos maires) encaissait les taxes et tâchait d'éconduire poliment ces modestes administrés : comment pouvaient-ils mettre en doute la parole d'une multinationale ? Quant aux partis politiques, aucun d'entre eux ne jugea la cause suffisamment crédible et profitable pour les élections. La plupart étaient même contre cette mobilisation qui menaçait une manne économique importante pour une région aussi isolée: « Au début tous les partis politiques étaient contre notre mouvement, explique Rita, la bergère. Ils ont même organisé un rassemblement de représentants venus de tous les partis pour signifier leur désaccord. Ils menaçaient de nous attaquer et de brûler l'abri que nous avions construit pour abriter nos réunions devant l'usine. » Les villageois firent circuler des pétitions envoyées au collecteur de la région, au gouvernement local, aux autorités de contrôle de la pollution, au département de l'eau et à d'autres institutions encore, mais personne ne prit la peine de répondre à ces paysans dont les ressources vitales étaient menacées.

Que valait la parole de quelques femmes illettrées face à une multinationale géante symbolisant à elle seule l'impérialisme économique ? Au fond d'eux-mêmes, les notables locaux n'accordaient tout simplement aucun crédit aux témoignages de ces fermières, contrairement à Vandana Shiva qui les traitait ni plus ni moins que comme des « expertes » de leur écosystème selon ses propres mots. « Une fois informée de cette situation, j'ai demandé aux villageois comment je pouvais les rejoindre. Ils m'ont simplement dit que je devais prendre l'avion pour Coimbatore où quelqu'un viendrait me chercher. Ensuite, j'ai parcouru cette route interminable et ne suis arrivée que le soir à Plachimada, se souvient l'activiste indienne. Ils avaient organisé une manifestation le jour de ma première visite. Les habitants faisaient un sit-in devant l'usine, déterminés à ne quitter les lieux que lorsque le site fermerait ses portes. Ils avaient érigé une petite estrade sur laquelle je suis montée leur dire à quel point je me sentais solidaire de leur combat. De l'autre coté de la route, des centaines de policiers étaient postés devant l'entrée de Coca-Cola » se souvient la militante.

La date du 22 avril 2002 serait par la suite pour les habitants de la région comme pour la plupart des observateurs, la date du lancement officiel de la mobilisation de Plachimada contre l'usine d'embouteillage. Cette première journée de mobilisation allait marquer le début d'une montée en puissance qui connaîtrait son apogée deux ans plus tard. Dès le printemps 2002, une poignée de villageois – essentiellement des femmes – se relayèrent pour continuer le sit-in devant l'usine. Sous leur abri de branchages et de palmes séchées, elles étaient bien placées pour observer le manège des employés sortant de l'usine à la pause pour pénétrer dans le restaurant de Murali. Contrairement aux promesses de l'entreprise, les habitants de Plachimada employés par l'usine étaient rarissimes, que ce soit parmi les 130 salariés permanents ou les 250 travailleurs occasionnels. Mais ce qu'ils ne pouvaient observer de l'intérieur, les villageois le scrutaient depuis l'emplacement de leur sit-in : assises là en permanence, les femmes purent tenir le compte des camions entrant à vide et ressortant pleins de sodas. En moyenne, environ 85 camions chargés chacun de 550 à 600 caisses quittaient chaque jour l'usine. Chaque caisse contenait 24 bouteilles de 300 millilitres. Coca-Cola avait l'autorisation de produire 561 000 litres de soda chaque jour, sachant que chaque litre de boisson entraînait la consommation de 3,8 litres d'eau. Mais quels que soient ces chiffres, on attendait des habitants de Plachimada qu'ils fournissent la preuve d'un lien de cause à effet entre l'activité de l'usine et la baisse du niveau d'eau. Or, ils allaient se procurer ces premières preuves quelques semaines seulement avant la manifestation du printemps 2002.

« À cette période, comme les habitants n'avaient aucun test, aucune donnée scientifique, j'ai contacté un laboratoire à Chennai », explique Bijoy, un militant écologiste du Kerala. « Des experts sont venus et ont prélevé des échantillons. Ils ont constaté de très hauts niveaux de salinité et une dureté excessive de l'eau », se souvient-il. À la suite de ces tests, le laboratoire a donc déclaré que l'eau disponible aux abords de l'usine était impropre à la consommation humaine et ne devait être utilisée ni pour boire, ni pour la toilette, ni pour laver les aliments ou les vêtements, et encore moins pour irriguer les champs... La nouvelle galvanisa littéralement les habitants de la région qui furent 1 300 à se rassembler devant l'usine pour écouter Vandana Shiva. La militante savait bien que les discours prononcés sur l'estrade de fortune ne remplaceraient pas l'action et elle décida de rencontrer elle-même les notables locaux afin de les faire changer d'avis. Certes, cela n'apaiserait pas la colère des habitants de Plachimada dont 130 furent emprisonnés ce jour-là, y compris Pradip et Rita la bergère, qui faisait partie des trente femmes arrêtées avec neuf enfants. Mais face à l'évidente détermination des villageois, la philosophe envisageait une stratégie de long terme, pour faire de ce combat de David contre Goliath un exemple dont toutes les communautés spoliées par de grandes entreprises pourraient s'inspirer.

Téléphone collé à l'oreille, Vandana Shiva remua ciel et terre pour rencontrer les leaders d'opinion de la région. L'un de ses interlocuteurs, qu'elle parvint à convaincre, devint l'un des pivots de la lutte : Veerendra Kumar. « Il était à la fois journaliste et propriétaire de son journal, l'un des plus importants médias du Kerala. Il a fait quelque chose de très courageux : il s'est mis à écrire à propos du conflit de Plachimada et il n'a pas tardé à payer le prix de cette irrévérence. Coca-Cola a immédiatement coupé toute publicité dans le journal, ce qui représentait une perte de 16 millions de roupies par an[1]. Veerendra Kumar était également le représentant local d'un grand parti appelé *Janata Dal* (centre gauche) qu'il entreprit d'engager dans la bataille, avant de persuader le Panchayat de soutenir enfin ses administrés dans ce combat », raconte Vandana Shiva qui voyagea dès lors régulièrement dans la région pour travailler avec les femmes et rallier un véritable mouvement national. Au lendemain de cette première journée de révolte, en avril 2002, ni les habitants de Plachimada, ni les premiers activistes qui leur prêtèrent main-forte ne se doutaient encore de l'ampleur réelle des dégâts provoqués par l'usine, et de la fourberie de leur adversaire. Ils en découvriraient bientôt la nature exacte grâce à un journaliste anglais plus curieux que les autres.

1 Environ 270 000 euros.

Une dictature sur le vivant

En quelques jours seulement, entre le 7 et le 12 mars 1987, Vandana Shiva décida brutalement de mettre fin à la plupart des engagements militants qu'elle menait depuis quelques années : « De retour du séminaire de Bogève, à peine étais-je arrivée en Inde que je téléphonai à toutes les organisations que j'avais aidées jusqu'alors, qu'il s'agisse de Chipko, du mouvement Narmada contre la construction de grands barrages, des victimes de Bhopal et des autres. Je leur ai dit que je cessais purement et simplement tout engagement. Désormais, je ne pourrais plus m'impliquer dans leurs activités. Ils devraient continuer sans moi », affirme la militante indienne. Ce qu'elle venait de découvrir au cours de son séminaire nécessitait de jeter toutes ses forces dans une seule et même bataille, et ce, sans perdre une minute.

Cette rencontre, qui se tenait dans une discrète commune de quelques centaines d'âmes, en Haute-Savoie, passa inaperçue dans les médias. Que pouvaient dire les journaux à propos des 28 intervenants de cette réunion au thème infiniment complexe ? Ces représentants d'entreprises, d'associations, ces activistes et autres scientifiques indépendants devaient évoquer l'impact des biotechnologies sur la santé et l'environnement dans le Tiers-Monde, et le sujet n'était pas plus vendeur que le nom imprononçable de la fondation suédoise (Dag Hammarskjöld[2]) qui avait convié les participants venus de 19 pays différents. Bien des années plus tard, les écologistes spécialistes des biotechnologies évoqueraient cette rencontre comme un événement fondateur : il s'agissait du premier de tous les débats mondiaux sur les modifications génétiques et le refus des brevets sur le vivant. Contre toute attente, ce qui provoqua la « ré-

2 Dag Hammarskjöld fut ministre puis président suédois et reçut le prix Nobel de la Paix à titre posthume, notamment pour son implication dans la crise du Canal de Suez. Sa mort dans un accident d'avion en 1961 pourrait être due à un sabotage.

Page précédente : *Un habitant du Kerala déguste un tchaï (thé au lait épicé) dans une échoppe.*

vélation » de Vandana Shiva ne vint pas des activistes, mais s'échappa tout simplement de la bouche des industriels eux-mêmes, lorsqu'ils évoquèrent leurs plans pour développer les OGM et prendre le contrôle des semences grâce au « brevetage du vivant ». Derrière cette expression intimidante, toujours présentée comme complexe et accessible aux seuls experts, se cachait en réalité une problématique compréhensible par tous les citoyens. Quelques questions auraient suffi pour l'exposer : doit-on parler d'« invention » lorsqu'une variété « créée » par un laboratoire se base en réalité sur des souches génétiques de semences anciennes et inclut des gènes de variétés obtenues par les agriculteurs ? Une entreprise peut-elle s'approprier une semence issue de la biodiversité agricole indienne en déposant un brevet sur cette graine ? L'industrialisation d'un pesticide naturel fabriqué traditionnellement à partir d'une plante (comme le margousier par exemple) justifie-t-elle qu'une multinationale présente son produit comme une « innovation » ? Cette trouvaille justifie-t-elle de priver les petits paysans de ce qu'ils utilisent comme un pesticide naturel depuis des siècles ? Enfin, comment favoriser la circulation des savoirs écologiques : en les enfermant dans des brevets ou en partageant librement ces connaissances comme l'ont fait des générations de paysans depuis la nuit des temps ? Ces questions se bousculaient déjà dans l'esprit de Vandana Shiva alors qu'elle écoutait les représentants des biotechnologies exposer leurs projets d'avenir sans la moindre retenue, à une période où ces problématiques étaient encore absentes du débat public.

« Les représentants de l'industrie se sont dit qu'ils étaient trop petits parce que trop nombreux, et qu'ils devaient absolument se regrouper et grossir pour être seulement cinq grands groupes au tournant du siècle. Ils prévoyaient également que ceux qui auraient le plus grand nombre de brevets seraient les gagnants de ce marché, ce qui sous-tendait une course à la recherche dans le domaine du génie génétique. Donc, tout était lié : concentration, brevetage et génie génétique ! » s'emporte encore Vandana Shiva en revivant ces journées décisives. « Tout ce à quoi nous assistons aujourd'hui était planifié et prêt à être mis en marche. Ils ont aussi abordé le fait qu'ils auraient besoin, pour protéger leurs inté-

Tout ce à quoi nous assistons aujourd'hui était planifié et prêt à être mis en marche.

rêts, d'une institution type OMC* et surtout d'un accord sur la commercialisation des droits sur la propriété intellectuelle, raconte la militante. Avant que la conférence ne se termine, j'ai réalisé qu'il s'agissait d'une dictature sur la vie. Une dictature n'assujettissant pas seulement un pays, pas seulement tous les pays du monde, mais tous les êtres vivants de la planète. Il s'agissait de prendre possession puis de contrôler toutes les formes de vie ! » déclare-t-elle sans détour. Plus concrètement, Vandana Shiva découvrit lors de ce séminaire l'épée de Damoclès menaçant la vie des petits producteurs. Les paysans se verraient bientôt supprimer leur liberté ancestrale de conserver, échanger et vendre leurs graines. Or, les semences marquent tout simplement la première étape de la chaîne alimentaire et l'emprise des multinationales sur ce domaine représentait pour la militante écologiste un danger majeur d'insécurité alimentaire.
Ces puissantes entreprises se rendaient-elles compte elles-mêmes de la portée de leurs projets prométhéens ? Avaient-elles conscience durant ce séminaire d'être écoutées par celle qui deviendrait leur pire ennemie ? Pouvaient-elles imaginer que cette femme enroulée dans un simple sari, chaussée de nus pieds et coiffée d'un chignon traquerait inlassablement les promoteurs des biotechnologies devant les tribunaux du monde entier, soulevant les foules sur son passage ? Une chose est certaine : « Aujourd'hui, en 2010, les prévisions effectuées lors de cette rencontre se sont toutes réalisées, constate aujourd'hui Vandana Shiva. Les grands laboratoires se sont tous regroupés : Sandoz a fusionné avec Ciba-Geigy pour former Novartis qui a ensuite fusionné avec Astra Zeneca pour devenir Syngenta, etc. Quant à Monsanto, cette multinationale a acheté presque tous les semenciers de la planète », observe-t-elle, plus effrayée que flattée par l'exactitude des visions d'alors.
Dans l'avion qui la ramenait de Genève à New Delhi, la militante ne développa rien moins que la stratégie qu'elle mettrait en place durant les vingt années suivantes. Une fois assise parmi les autres passagers, elle tenta d'apaiser son esprit. Comment une femme aussi érudite en sciences physiques qu'en philosophie et dotée d'une éducation profon-

dément marquée par la religion et la spiritualité devait-elle réagir à des informations aussi graves ? Son cerveau était en pleine effervescence. Pour mettre de l'ordre dans ses idées, elle dut déplier sa tablette, puis ouvrir un cahier où elle traça un graphique. Sur une courbe historique, elle plaça trois événements majeurs. Le premier : la révolution industrielle, qui avait remplacé le travail humain par la mécanique. Le second : la révolution chimique, qui intervint pendant la guerre puis envahit de nombreux secteurs avec des produits tels que les matériaux synthétiques et les engrais chimiques. Enfin, Vandana Shiva termina son schéma avec une troisième révolution, celle qui se préparait, dont le support de base était la vie elle-même, soumise aux manipulations génétiques et au brevetage. La voyageuse se redressa et contempla ce graphique qui l'aidait à démêler les événements qu'elle venait de vivre.

La tempête agitant son esprit s'apaisa comme une eau calme d'où surgit bientôt un visage remonté des profondeurs de l'enfance : celui de Gandhi. Cette figure centrale de l'histoire familiale n'avait pas changé de place depuis le combat fatal de Mukhtiar Singh pour l'école de Duhai. Vandana Shiva se demanda comment réagirait le Mahatma face à une telle situation. Lorsque, dans le secteur du textile, la révolution industrielle avait anéanti l'artisanat, Gandhi avait choisi le symbole du rouet. Il utilisait dans les années quarante cet outil pour filer son *dhoti* (équivalent masculin du sari) de ses propres mains et encourageait ses partisans à faire de même. Ce geste symbolique visait à ne pas cautionner l'exploitation des ouvriers dans les filatures industrielles. Vandana Shiva le savait bien, elle qui ne portait – et ne porte toujours – que du *khadi*[3]. « Qu'est-ce qui pourrait être le rouet gandhien d'aujourd'hui ? » se demanda-t-elle. En guise de réponse, Vandana Shiva eut ce qu'elle appelle aujourd'hui une « révélation ». D'un instant à l'autre, elle eut une idée claire et simple de la stratégie à adopter pour résister à cette dictature sur la vie : la graine serait l'emblème de ce nouveau combat et elle décida séance tenante de se consacrer entièrement à la protection des semences. De quel droit allait-on empêcher les paysans de reproduire eux-mêmes leurs semences ?

3 Vêtements faits maison ou artisanalement.

Et pourquoi devraient-ils payer ce que la Terre leur offrait gratuitement ? Avant que l'industrie ne mette ses plans à exécution, l'Indienne collecterait des centaines puis des milliers de variétés de graines afin de les protéger et de les mettre à la disposition des paysans.
Les réflexions de Vandana Shiva, loin de divagations sans lendemain, annonçaient au contraire une action de long terme. Elle pousserait des villages entiers de paysans indiens sur les routes pour se joindre aux « marches des graines », ces protestations non-violentes traversant parfois plusieurs provinces indiennes. Quelques années plus tard, les fermiers, de plus en plus nombreux à se révolter, formeraient finalement un immense cortège de 500 000 manifestants. Mais pour l'heure, alors qu'elle descendait de son avion le 13 mars 1987, seule une personne partageait avec Vandana l'urgence de la révélation qu'elle venait de vivre : sa sœur Mira qui avait été invitée elle aussi à Bogève pour traiter des effets des OGM sur la santé. Pour entamer sa croisade contre les biotechnologies, Vandana se mit rapidement en marche sur les sentiers conduisant aux villages himalayens qu'elle connaissait si bien. Équipée de dizaines de petits sacs qui recevraient chacun quelques graines d'une variété donnée, elle partit collecter les toutes premières semences de sa collection.

Le présage des neuf graines

Lorsqu'un soir elle vit le profil d'un homme vêtu d'une *kurta* (tunique) et d'un *topi* (chapeau himalayen) s'encadrer dans le chambranle de sa porte, Vandana Shiva crut d'abord à la visite impromptue d'un notable local, malgré l'heure tardive. Puis elle sursauta en reconnaissant le visage de Daniel Querol, avant que la surprise ne déclenche un éclat de rire. Cet écologiste avait monté dans son pays une banque de graines destinée à protéger la biodiversité agricole, exactement à l'image de celle que souhaitait créer la jeune scientifique. Quelques semaines plus tôt, au cours du mois d'octobre 1987 il était venu du Nicaragua – dans ses vêtements habituels – pour une première séance de travail à la maison familiale des Shiva à Dehradun. Puis il était lui-même parti plusieurs semaines dans la montagne afin de recueillir des renseignements auprès des paysans. Il en était revenu imprégné de ses rencontres au point d'adopter pour l'occasion un vêtement que les habitants de la forêt avaient confectionné pour lui. La surprise passée, sans plus attendre, les deux militants s'étaient mis au travail. Dans sa quête d'informations relatives aux semences, Vandana Shiva s'était appuyée sur la bibliothèque de Jagbir Kaur, sa mère (disparue quelques années plus tôt). Elle contenait notamment d'innombrables ouvrages de biologie et de botanique. De même, au cours de ses collectes, Vandana s'était formée auprès des femmes (en particulier celles du mouvement Chipko). Ces paysannes lui transmettaient patiemment leur savoir en même temps que leurs précieuses graines. Mais cela ne remplacerait jamais les conseils pratiques d'un homme ayant lui-même mis en place un tel projet, ailleurs, dans un pays tel que le Nicaragua. Il expliqua à Vandana Shiva comment conserver les centaines de variétés de graines sans les mélanger, comment s'assurer de la nature exacte des semences et comment les reproduire pour les retransmettre.

Plus son projet avançait, plus elle en percevait toute l'urgence. Certes, les déclarations entendues en Haute-Savoie n'étaient encore que des paroles lui laissant le temps de préparer une riposte, mais elle se rendit bientôt compte que le lobby de la biotechnologie avançait déjà ses pions en jetant les bases de ce que seraient le GATT* et l'OMC. La jeune femme comprit qu'elle devait passer à la vitesse supérieure et que l'ampleur de la réponse à apporter n'avait rien de commun avec les luttes locales entreprises jusqu'à présent. « Je me suis rendu compte qu'avec mon petit revenu de 2000 roupies je pouvais faire vivre deux personnes, mais pas plus », se rappelle encore Vandana Shiva lorsqu'elle se remémore cette période. Elle s'entoura d'amis expérimentés dans le domaine de la levée de fonds afin de trouver l'argent nécessaire à une réaction appropriée. Mais elle n'eut pas à attendre longtemps les soutiens dont elle avait besoin : seules trois lettres écrites de sa main furent nécessaires à trouver de l'argent pour une action de long terme. « Dans ces lettres, je donnais simplement mon sentiment à propos des risques liés à la disparition des semences locales et au développement des OGM et j'exposais ma volonté

Coca-Cola
Citra

LEHAR

Le mot Navdanya symbolise également la biodiversité agricole indienne, vue comme garante de la souveraineté alimentaire du pays.

de faire un travail préventif en protégeant des graines et en faisant la promotion de l'agriculture biologique, se souvient la militante. J'ai aussitôt reçu une réponse d'une organisation européenne *(Bread fot the World)* disant "nous sommes intéressés". C'était exceptionnel d'avoir un retour aussi rapide ! Et cette organisation continue à nous suivre aujourd'hui encore, sans tracasseries bureaucratiques, ce qui est très précieux », explique-t-elle. Vandana Shiva allait donc pouvoir fonder l'association qu'elle brûlait de lancer : Navdanya.

Ce mot hindi signifie « les neuf graines » ou « le don renouvelé ». Il fait référence à une coutume grâce à laquelle les paysans prédisent quelles semences planter pour la saison à venir : le premier jour de l'année, chaque famille plante neuf graines dans un pot et neuf jours plus tard, on compare le résultat pour planter dans les champs celles qui ont le mieux poussé. Le mot *Navdanya* symbolise également la biodiversité agricole indienne, vue comme garante de la souveraineté alimentaire du pays. Vandana Shiva vit donc rapidement ce vocable comme un excellent résumé des différents objectifs de son association : collecter, protéger et reproduire les multiples semences anciennes existant à travers la péninsule afin d'empêcher qu'elles ne disparaissent. Mais aussi promouvoir l'agriculture biologique, gage de cette multiplicité des espèces. Son projet n'était donc pas seulement de sanctuariser les graines comme dans un musée destiné aux générations suivantes, mais bel et bien de les planter, de les renouveler chaque année et de les redistribuer. Ces semences qui avaient assuré la subsistance et l'indépendance des Indiens depuis des siècles devaient être durablement réintégrées dans le processus de production agricole.

Pages précédentes : *Au Kerala, une entreprise fabrique un soda local, vendu dans des bouteilles de récupération, qui a la faveur des habitants de Plachimada.*

L'idée géniale de Vandana pour assurer une propagation et une multiplication des graines échappant à tout contrôle politique ou économique tenait en un contrat d'une simplicité à toute épreuve, passé avec les paysans partenaires de Navdanya. Ceux qui recevaient des graines de l'association devaient en échange les reproduire puis renvoyer ces nouvelles semences avec un petit excédent à Navdanya, ou bien les offrir à deux autres fermiers s'engageant eux aussi à les reproduire, etc. Ainsi, Vandana Shiva espérait voir les graines se multiplier de manière exponentielle et se répandre à travers tout le pays. Le message de Vandana Shiva contre les OGM, le brevetage du vivant, la biopiraterie et l'agriculture intensive n'aurait plus qu'à se laisser porter par ce flot de graines et féconder les esprits jusque dans les campagnes indiennes les plus isolées.
Il était naturel aussi pour Vandana Shiva que l'association soit pilotée par des femmes et défende à travers son fonctionnement l'égalité des sexes. Cela ne signifiait pas que Navdanya allait écarter la gent masculine de son association, bien au contraire : comme cette féministe le reconnaît volontiers, la cheville ouvrière de l'organisation, dès le début des années 1990, était un homme du nom de Darwan Singh. Ce travailleur agricole natif d'une famille de fermiers de l'Uttarakhand connaissait bien la région où vivait Vandana et parlait le dialecte local. À cette époque, marcher d'un village à l'autre demeurait le seul moyen de récolter efficacement une large variété de graines. Aussi, après avoir reçu ses dernières consignes de la fondatrice de Navdanya, le jeune homme partit pour une longue quête à travers les montagnes.
« Imaginez que je devais expliquer à chaque villageois notre démarche en commençant par les sensibiliser à des questions telles que les dangers du brevetage, des OGM, ou encore l'emprise des semenciers, raconte-t-il aujourd'hui. Il fallait absolument les informer de tout cela pour leur dire ensuite que nous devions à tout prix protéger nos graines. Qu'il s'agissait d'un patrimoine pour les générations futures et qu'en réalité leur liberté et leur autonomie étaient menacées par la disparition de cette biodiversité », témoigne encore celui qui deviendrait plus tard le coordinateur national de Navdanya. « J'ai vu que tout cela suscitait un intérêt évident chez eux. Ce sont des gens qui ont vraiment le sens pratique et

donc ils n'ont pas mis longtemps à comprendre ce que je leur expliquais, raconte Darwan. Ici, l'État distribue des graines aux paysans. Or, beaucoup d'entre eux ne savaient plus trop comment réagir face à ces nouvelles semences fournies par le gouvernement. Certaines vallées avaient déjà perdu 20 % de leurs graines locales, mais d'autres, qui s'étaient engouffrées rapidement dans l'agriculture intensive, en avaient déjà perdu 80 %, se rappelle-t-il. Les paysans constataient non seulement que les variétés hybrides distribuées faisaient insidieusement disparaître leurs semences anciennes, mais surtout qu'elles poussaient mal ! ». Le discours propagé par l'association faisait donc immédiatement écho aux inquiétudes de ces populations isolées de l'Himalaya. Elles se sentaient aussi seules face à leurs dilemmes que dépourvues face à des autorités favorables à l'agriculture intensive.
« Après m'avoir écouté et questionné, les gens me réservaient un accueil très chaleureux, ils me donnaient de petits sacs de 10, 15 ou 20 grammes de graines et me retenaient pour passer la nuit. Je tâchais de rencontrer le maximum de villageois, en particulier les anciens, pour retracer l'histoire des graines et vérifier précisément de quelle variété il s'agissait. Puis je repartais le lendemain matin pour d'autres villages, où je devais à nouveau me présenter, etc. », raconte Darwan. L'association n'ayant pas encore de lieu réservé au stockage des graines, elle comptait sur quelques-uns des agriculteurs rencontrés pour garder précieusement les semences dans leurs fermes. Ce travail de fourmi qui allait permettre à Darwan de convaincre des villages entiers, puis des vallées entières ne s'appuyait que sur des moyens très modestes : un porte-parole évoluant seul, bâton en main, à travers l'Himalaya. Selon lui, c'était la perspicacité des paysans eux-mêmes qui avait permis un tel déploiement de Navdanya. Mais la réalité montre que cette réussite dut beaucoup à la psychologie de ce petit homme, aussi mince et discret en apparence, que charismatique lorsqu'il s'adressait aux fermiers. Après son passage flottait dans les foyers un air de réconciliation et de révolte mélangé : le plaisir de renouer avec les méthodes et les graines de leurs ancêtres, mais aussi l'envie d'en découdre après s'être fait duper.

« Balbia, je te propose une expérience »

« Mais enfin, te rends-tu compte de tout l'argent que tu perds ? » s'emporta un jour Darwan. Il discutait avec un producteur qui était devenu un ami. D'un naturel plutôt discret, Darwan avait néanmoins décidé de donner son opinion à cet agriculteur nommé Balbia Singh, qui n'arrivait pas à joindre les deux bouts. Il faisait pousser des radis, du gingembre, de l'ail et des pommes de terre, mais surtout beaucoup d'oignons qu'il était obligé de vendre à un grossiste à peine récoltés, entre 2 et 5 roupies le kilo. Ce tarif dérisoire exaspérait Darwan : « Pourquoi ne pas attendre que le prix monte pour vendre ? lui demanda-t-il ce jour-là. Parfois le prix est beaucoup plus élevé, multiplié par 3 ou 4, voire beaucoup plus.
– Je ne peux pas stocker mes oignons chez moi, répondit Balbia. Rapidement, ils se mettent à pourrir ! admit-il de mauvaise grâce. Mes voisins ont d'ailleurs tous le même problème.
– Je te propose une expérience : tes oignons ne se conservent pas tout simplement parce qu'ils sont de mauvaise qualité, assena-t-il. Du reste, tu as beaucoup appauvri ta terre. Je voudrais utiliser tes champs pour montrer au village comment fonctionne l'agriculture biologique », annonça Darwan qui voulait accompagner sa distribution de graines de formations pour les fermiers. « Tu constateras que sans devoir t'échiner davantage, tu peux améliorer considérablement ta situation. »
Le contrat proposé était clair : si l'expérience se soldait par un bénéfice, celui-ci reviendrait intégralement au paysan et en cas d'échec, il serait dédommagé par Navdanya. « Mais si tu acceptes, il faut vraiment que tu suives précisément mes conseils », insista Darwan.
Il n'ignorait pas les profits que Navdanya pourrait tirer d'une telle expérience en terme de légitimité : les agriculteurs n'accordaient guère de crédit aux longs discours, mais étaient convaincus par les faits et la pratique. Balbia Singh accepta le marché et les paysans du village prirent tous acte du pari lancé. À cette période (le début des années 1990), de nombreux fermiers indiens étaient dans une impasse : l'agriculture chimique ne leur apportait pas les bénéfices attendus, ils ne connaissaient pas – ou plus – les méthodes de l'agriculture biologique et ne pos-

sédaient plus les graines adaptées. Les regards de toute la communauté étaient donc tournés vers les terres de Balbia : il s'apprêtait à appliquer scrupuleusement les méthodes de Darwan dans tous ses champs, y compris évidemment sur les oignons. Navdanya lui donna de bonnes graines, lui montra comment amender sa terre et se débarrasser des parasites sans produits chimiques. Le paysan fut très patient jusqu'au jour de la récolte. Voyant qu'elle était excellente, il fut tenté de vendre ses oignons aussitôt comme à son habitude, craignant de ne pas pouvoir le faire plus tard. Darwan le retint et lui dit : « S'il te plaît, garde tes oignons dans ton grenier et fais-moi confiance ! Si tu as besoin d'argent, je peux t'en prêter, mais s'il te plaît, attends pour vendre. »
Six mois plus tard, le prix des oignons avait considérablement augmenté et les villageois virent arriver leur ami suivi d'une carriole pleine d'oignons à ras bord. Eux n'en avaient plus et ils se demandèrent comment on pouvait garder ses oignons aussi longtemps sans qu'ils s'abîment. Sous leurs yeux, le paysan vendit sa production 40 à 50 roupies le kilo, au lieu des 5 roupies habituelles. Dès lors, ils l'assaillirent de questions, et pour leur répondre, Balbia se retourna vers Darwan : « Ce qu'il m'a dit, je l'ai fait, tout simplement, résuma-t-il. Ce résultat vient de l'absence de produits phytosanitaires, mais nous avons surtout utilisé des graines très communes que tout le monde peut se procurer, expliqua-t-il aux villageois qui buvaient ses paroles. L'endroit où nous avons stocké les oignons était le même que dans toutes les maisons. En fait, tout cela ne vient que de la manière dont nous avons fait pousser les oignons », termina-t-il sans en dire davantage. Son auditoire resta suspendu à ses lèvres pour connaître cette fameuse méthode. Lorsque les villageois se tournèrent vers Darwan, ce dernier préféra éconduire les dizaines de paysans qui sollicitaient tous sa visite et demanda alors à son ami d'organiser une grande réunion. Il se retrouva quelques jours plus tard dans la première d'une longue série de rassemblements où déjà 500 personnes attendaient solennellement que ce fils de fermier devenu représentant de Navdanya réponde à leurs questions. « Moi, je n'ai rien fait, affirma-t-il, prolongeant encore l'attente de son public. J'ai seulement donné quelques conseils à Balbia, mais c'est à lui qu'il faut poser vos questions,

pas à moi », termina-t-il. L'agriculteur fut contraint de prendre la parole : « Moi non plus je n'ai rien fait », commença-t-il, mais face à l'impatience de son auditoire il entra enfin dans les détails : « J'ai simplement fait ce que mes parents faisaient en leur temps, décrivit-il. Cela peut sembler difficile de bannir les produits phytosanitaires et les engrais chimiques, mais Darwan m'a montré les techniques nécessaires pour que cela ne soit pas si fatigant », raconta-t-il avant d'expliquer comment par exemple il valorisait le fumier de ses vaches ou ses restes de récoltes pour enrichir sa terre.

Les facéties de Darwan pour entretenir le mystère ne visaient pas tant à tenir les agriculteurs en haleine qu'à les pousser à prendre en main la suite de cette mobilisation. Le résultat fut au-delà de ses espérances : cinq personnes de l'assemblée se proposèrent d'apprendre puis d'enseigner les méthodes de l'agriculture biologique dans d'autres villages. Le message de Navdanya s'en trouva aussitôt amplifié et démultiplié, se propageant comme une traînée de poudre d'une vallée à l'autre, si bien que rapidement, 25 villages se convertirent à l'agriculture biologique et la collecte de graines connut une forte croissance. Après s'être répandu de villages en vallées, le message de Navdanya franchit bientôt les frontières délimitant les états indiens, pour se propager vers le sud, jusqu'au Karnataka où Vandana Shiva gardait de nombreux amis suite à son travail à l'Institut indien des sciences de Bangalore. Il devint rapidement évident pour la fondatrice de Navdanya que l'installation d'une, puis plusieurs banques de graines s'imposait. Cela déchargerait les paysans du réseau dont les habitations servaient encore de lieux de stockage pour la collection de Navdanya, mais qui ne pouvaient pas conserver d'innombrables variétés de riz, de blé ou de millet dans de bonnes conditions. Pour diffuser largement ces graines, Navdanya devait aussi disposer de terres cultivables et les reproduire. L'existence d'un « Centre Navdanya » offrirait enfin un outil efficace pour rassembler tout le savoir de l'association et accueillir, puis former les fermiers à l'agriculture biologique.

Un terrain fut choisi, situé près de Dehradun. Navdanya comptait lancer le stockage des graines et la culture des terres, mais les fermiers des alentours vinrent rapidement trouver Darwan, avant que les travaux ne

démarrent : « Renonce et choisis un autre terrain pendant qu'il en est encore temps, le prévinrent-ils : il s'agit sans doute de la plus mauvaise terre des alentours. » Une culture intensive d'eucalyptus avait en effet épuisé le sol pendant 25 ans et plus rien ne semblait pouvoir pousser sur ce qui ressemblait à une croûte desséchée, si ingrate qu'elle restait imperméable aux eaux de ruissellement. Darwan et Vandana allaient pourtant s'entêter dans leur choix, quitte à passer pour des effrontés auprès des habitants de la vallée de Dun.
Pendant que Darwan allait d'un village à l'autre, Vandana Shiva préparait déjà l'extension de son mouvement à travers l'Inde et le monde. Allant d'un aéroport à l'autre, de conférences en rassemblements, elle gardait le peu de temps où elle ne s'exprimait pas en public pour écrire des livres. Rien ne semblait plus devoir la détourner de son destin : sans le savoir, elle recrutait un à un chacun des 500 000 participants dont les cris de révolte s'élèveraient bientôt au-dessus des rues de Bangalore.

Les graines éternelles

En 1990, alors qu'elle vivait au Canada depuis trois ans déjà, la réalisatrice indienne Meera Dewan avait bien conscience des conditions de vie privilégiées dont elle bénéficiait : cette intellectuelle percevait un revenu très confortable pour ses films sur le thème du racisme. Les studios publics canadiens qui les lui commandaient s'étaient engagés pour 5 ans, ce qui rassurait cette mère de famille arrivée ici avec son fils. De surcroît, l'Indienne avait obtenu la résidence canadienne, un sésame difficile à obtenir et que d'autres voyaient comme inestimable. Autant dire que ses patrons restèrent sans voix lorsque la jeune femme surgit dans leur bureau pour annoncer qu'elle souhaitait casser son contrat immédiatement, rendre sa carte de séjour et rentrer en Inde au plus vite.

Pages précédentes : *Pesée du coton suite à la cueillette dans une ferme biologique de la province indienne du Maharashtra.*

En flânant quelques jours plus tôt dans les rayons de la boutique « La plus grande librairie du monde » à Toronto, Meera Dewan n'imaginait sans doute pas que l'un des livres qu'elle achèterait provoquerait un tel bouleversement. Elle n'avait jamais entendu parler de Vandana Shiva avant de tomber sur son ouvrage *Rester en vie : femmes, écologie et survie en Inde*[4]. « Sa lecture m'a transformée et j'étais absolument décidée à faire un film à propos du travail de Vandana Shiva », se rappelle la réalisatrice, si bien qu'elle quitta le Canada avant même d'avoir échangé ne serait-ce qu'un seul mot avec l'écrivain, sans parler de recevoir son accord. Lorsqu'elle débarqua sur la péninsule à l'automne 1990, elle se mit à la recherche de la militante et la localisa bientôt dans une chambre rudimentaire au troisième étage d'un immeuble de Delhi. Vandana partageait ce logement exigu avec sa sœur lors de ses nombreux séjours dans la capitale. Quelle force avait conduit Meera Dewan jusqu'à la porte de cette femme dont la notoriété d'activiste se cantonnait encore aux communautés paysannes et aux mouvements écologistes indiens ? La réponse tenait dans le regard que Vandana Shiva portait sur les paysans pauvres et en particulier les femmes de son pays. Sous sa plume ressurgissait instantanément cette fierté que le reste de la société indienne s'efforçait d'anéantir. Vandana Shiva rappelle dès l'introduction de son livre que les femmes assurent la part la plus significative de notre sécurité alimentaire en produisant plus de la moitié de l'alimentation mondiale. Elle affirme aussi que la production alimentaire a toujours été confiée aux femmes dans la répartition sociale du travail : non seulement elles gardent les graines, les font pousser, mais elles transforment et cuisinent les aliments. De même, à travers cet ouvrage qui se présente comme une étude, l'écrivain observe que l'approvisionnement alimentaire, lorsqu'il est centré autour de la femme, est forcément basé sur le partage (avec les enfants, la famille, les autres femmes, etc.), la compassion, la conservation et le bien-être.

4 Traduction de l'auteur du titre original : *Staying Alive: Women, Ecology and the Survival in India, Vandana Shiva,* Kali for Women, 1988. Le livre a été réédité en 2010 aux éditions Women Unlimited.

Mais lorsque l'industrie, pilotée par des hommes, se mêle de nourriture, de production et de distribution, les graines sont modifiées pour ne plus se reproduire, l'alimentation se transforme en vulgaire nourrissage et les savoir-faire féminins sont dénigrés. « Alors que les femmes ont maintenu la continuité des graines à travers les millénaires, en dépit des guerres, des catastrophes naturelles, des famines, la masculinisation de la biodiversité a conduit à la création de technologies violentes conçues pour empêcher les graines de germer », écrit l'auteur qui entend montrer à travers ce livre sorti en 1988 la place particulière des femmes dans l'environnement et leur importance cruciale dans sa préservation.
La réalisatrice décèle déjà à travers le texte de Vandana Shiva ce qui en fait une militante à part et le résume en quelques mots : « Sa raison équilibre parfaitement sa passion », dit Meera Dewan à propos de la militante indienne, avant d'ajouter : « À cette époque, en 1990, elle n'était pas encore connue alors qu'elle aurait mérité de l'être.» La réalisatrice avait précisément été poussée vers le Canada après avoir fait plusieurs films sur les violences faites aux pauvres en Inde, abordant des questions aussi douloureuses que ces jeunes mariées brûlées vives pour l'insuffisance de leur dote[5]. Le contenu de ces documentaires avait fini par la déprimer et la pousser au départ. Mais cette fois-ci, elle allait enfin pouvoir faire un film positif sur cette frange de la société, en se basant sur le texte de *Rester en vie : femmes, écologie et survie en Inde*. « Je trouvais extraordinaire de regarder ces personnes en grande difficulté à travers le regard de Vandana : elle célèbre les connaissances traditionnelles de ces gens, leurs coutumes, leurs travaux et elle admire leur résilience, explique Meera Dewan. Ce sont donc les mêmes personnes, mais vues sous un autre regard, note la réalisatrice. Elle fait aussi beaucoup de liens très intéressants entre les femmes et la nature, d'une manière tellement claire et pertinente ! Je suis particulièrement intéressée par la mise en perspective holistique de Vandana, très visionnaire à l'époque », observe-t-elle enfin.

5 *Gift of Love*, 1983.

De cet authentique coup de foudre, Meera Dewan tirera plusieurs films dont *Sahayak : l'interdépendance des espèces*[6] sorti en 1992 et récompensé en Inde et à travers le monde, et *Les Graines éternelles*[7], sorti en 1996. La réalisatrice reconnaît aujourd'hui la difficulté de collaborer avec une femme de cette trempe, une écologiste à ce point déterminée : « Elle ne tend pas la main pour aider : ce que vous souhaitez, il faut le prendre. Elle vous met simplement sur la bonne voie. À l'époque, j'aurais voulu qu'elle m'aide davantage, mais elle ne le faisait pas, se souvient l'Indienne. Pour travailler avec Vandana, il faut être quelqu'un de fort ! » euphémise Meera Dewan avec un regard chargé de sous-entendus. Ce versant de la personnalité de Vandana fait partie d'un ensemble cohérent : pour faire valoir ses revendications, la militante doit agir efficacement, sans se disperser, face à l'urgence de la crise écologique et sociale. « Me battre contre les puissances de l'argent, le système politique, les mafias, le patriarcat, tous ces pouvoirs qui nous gouvernent, me battre contre cela me demande d'être dure, reconnaît-elle. Mais que voulez-vous, tout le monde doit être solide, c'est comme ça ! » explique la militante écologiste avec un sourire résigné.

Affronter cette rudesse – la réalisatrice en avait bien conscience – était le prix à payer pour pénétrer dans l'univers de Vandana Shiva, où sagesse et génie se côtoyaient en permanence. Meera Dewan ne connaissait que trop les difficultés auxquelles devait faire face la militante : « Ses idées étaient tellement radicalement différentes du courant majoritaire que cette femme a dû faire preuve d'une pugnacité incroyable. Plus tard, cela serait plus facile pour elle de se faire connaître internationalement, que de promouvoir ses idées à l'intérieur des frontières indiennes. Notamment parce qu'il existait déjà une communauté internationale dans ce domaine, à laquelle se raccrocher, précise-t-elle : en Inde en revanche, elle a été obligée de créer son propre espace idéologique », ajoute la réalisatrice, comme pour justifier le caractère très autoritaire de Vandana Shiva et montrer à quel point elle comprend ce pan de sa personnalité.

6 Traduction de l'auteur du titre original : *Sahayak: Species in Partnership.*
7 Traduction de l'auteur du titre original : *Eternal Seeds.*

Elle l'acceptait d'autant mieux que par ailleurs, l'écologiste indienne lui laissait une entière liberté quant à la fabrication du film.
Loin d'attendre de ce film qu'il lui apporte enfin la notoriété qu'elle méritait, Vandana Shiva portait sur cette réalisation un regard beaucoup plus pragmatique : elle allait pouvoir en glisser une copie dans son sac de voyage et s'en servir pour introduire les conférences et autres discours qu'elle donnait devant toutes sortes d'auditoires : organisations paysannes, militants, scientifiques, etc. Le documentaire en disait plus long qu'elle ne pouvait le faire et elle n'aurait plus qu'à prendre la parole ensuite pour entrer dans les détails, puis débattre. L'Indienne voyait donc surtout ce support comme un moyen de s'économiser un peu plus et donc de dépenser son énergie à bon escient. Comme si elle savait déjà ce qui l'attendait l'année suivante : une rencontre anodine allait déclencher une accélération brutale de sa campagne contre le brevetage du vivant.

Dans les zones tribales

Un matin de 1991, Vandana Shiva croisa dans les halls climatisés de l'aéroport de Delhi un leader politique de la province du Karnataka[8], une région qu'elle connaissait bien pour y avoir travaillé et milité activement pendant quelques années. Littéralement habitée par sa lutte contre les biotechnologies et en particulier le brevetage du vivant, la scientifique orienta rapidement la conversation sur ce thème avant de demander tout bonnement à son interlocuteur s'il savait ce qu'était le GATT (Accord général sur les tarifs douaniers et le commerce). Sa réponse négative résonna comme un déclic dans l'esprit de Vandana : son organisation Navdanya, outre la protection des semences, devait absolument informer les leaders politiques et en particulier les représentants des organisations paysannes à propos de cet accord international. N'étaient-ils pas concernés au premier chef ? Ils ignoraient pourtant jusqu'à l'existence même du GATT.

8 Province du sud de l'Inde à peine plus petite que le Royaume-Uni.

En attendant son avion dans la salle d'embarquement, Vandana se lança dans un résumé de cette problématique. Elle n'eut pas de mal à montrer la valeur que représentait la biodiversité locale pour les communautés indigènes et leur subsistance. Dans de nombreux pays du Sud, l'introduction de nouvelles lois sur la propriété intellectuelle répondant aux exigences du GATT (et plus tard de l'OMC) plaçait insidieusement ces biens communs sous le régime de la propriété privée et des brevets, au bénéfice des entreprises. Après s'être approprié les terres, les forêts et l'eau, devenues de vulgaires marchandises, l'industrie allait faire main basse sur la biodiversité via les droits de propriété intellectuelle. Une fois que Vandana eut terminé son petit exposé, son interlocuteur dut bien avouer qu'il n'avait aucune idée de tout cela. « Finalement, nous avons décidé qu'il fallait à tout prix sensibiliser les gens sur cette question et je suis donc allée rencontrer tous les responsables de mouvements écologistes de tous les districts de la province du Karnataka. Je n'y suis pas seulement allée une fois, mais j'y retournais régulièrement pour les former, se souvient Vandana. Devant chaque groupe venu m'écouter, j'ai entrepris de décrypter puis déconstruire non seulement les enjeux et le fonctionnement du GATT, mais aussi les accords commerciaux en général, la propriété intellectuelle, etc. » précise la docteure en philosophie des sciences.

Vandana Shiva fut bientôt assaillie de demandes notamment dues au bouche-à-oreille. Pour faire face à cet emballement, elle dut rapidement étendre sa démarche à toute l'Inde « y compris aux zones tribales », tient-elle à préciser, ces régions prétendument habitées par des populations « primitives » ou « arriérées ». « Les villageois auxquels je m'adressais comprenaient parfaitement ce qui se cachait derrière les questions de brevetage ou des accords internationaux, sans avoir besoin d'en saisir toutes les subtilités, se rappelle Vandana.

Arpentant sans relâche cette nation connue pour être la plus grande démocratie du monde, Vandana Shiva n'entendait pas seulement alerter les agriculteurs, mais structurer un puissant mouvement écologiste : « C'est à ce moment-là que j'ai tracé les grandes lignes du Mouvement paysan indien et fédéré les agriculteurs par groupes, afin qu'ils puissent s'opposer efficacement au gouvernement et lui demander de ne pas signer ces traités internationaux », explique Vandana. Il faut savoir que chacun de ces groupes, de ces syndicats et autres fédérations que je rencontrais, comportait des millions d'adhérents : certains en avaient un million, d'autres cinq millions, d'autres dix millions, etc. Le fait de rassembler tous ces gens autour d'intérêts communs permettait d'en faire des mouvements d'envergure internationale ».

Sans se soucier des susceptibilités partisanes et des clivages qui fragmentaient la représentation des agriculteurs, Vandana avait donc entrepris de sensibiliser les représentants de toutes les associations et autres syndicats de paysans, martelant inlassablement son message. Mais comment montrer au grand jour ce lien invisible qui unissait à présent tant de cultivateurs ? Comment faire de cette mobilisation contre le monopole de l'industrie semencière une arme efficace ? Dès 1992, celle qui était devenue une experte de la mobilisation mit en branle la seconde phase de son action, avec pour mot d'ordre la désobéissance civile.

1992 2004

Les victoires

Tels des nuages sombres s'accumulant au-dessus de l'usine Coca-Cola, les groupes de manifestants ne cessaient de grossir au fil des rassemblements organisés régulièrement à Plachimada, depuis le début du mouvement en 2002. Face à l'évidence de l'assèchement des puits et de la pollution de l'eau autour de l'usine, la multinationale refusait, en dépit du bon sens, d'admettre sa responsabilité. Ce déni attisait chaque jour un peu plus la colère des habitants. La firme originaire d'Atlanta dut bientôt se résigner à quelques efforts pour amadouer la communauté : Coca-Cola se présenta face aux élus et aux représentants des villageois avec quelques cadeaux aux montants suffisamment importants pour ne pas s'exposer à un refus. « Ils nous ont proposé de nous construire des maisons, d'amener l'électricité au village, de construire des réseaux d'eau, de financer des programmes d'éducation pour nos enfants, raconte Pradip. Mais nous leur disions “Non : nous n'avons pas besoin de tout cela. Nous vous demandons simplement de fermer, de faire vos bagages et de quitter Plachimada !” » raconte-t-il. Le président du Panchayat pendant cette période évoque lui aussi ce type de propositions : « Avant que le combat ne soit connu partout, ils souhaitaient nous donner 380 millions de roupies. Ils voulaient aussi nous inviter à venir parler de cet accord aux États-Unis. Mais, en échange, nous devions nous mettre de leur côté », sourit encore l'ex-président, qui a aussitôt décliné la proposition. Les tentatives de Coca-Cola eurent finalement pour seule conséquence de souffler encore sur les braises, tant elles sonnaient comme un aveu pour les observateurs du conflit.

Au fil des mois, plusieurs études furent réalisées, y compris celle d'une agence privée commissionnée par Coca-Cola. Était-elle destinée à laver la firme de tous soupçons ? Nul ne put vraiment le savoir : la censure de Coca-Cola laisse penser qu'elle renforçait les arguments des villageois, plutôt que ceux de la compagnie : « Beaucoup de journalistes ont approché l'entreprise pour lui demander de voir ce document, mais ils disaient que le rapport était sensible et que pour des raisons commerciales ils ne pouvaient pas le divulguer », rapporte

Un jeune garçon fait sa toilette dans l'un des canaux d'irrigation qui entourent le village de Plachimada.

avec un sourire entendu Bijoy, l'écologiste du Kerala qui militait aux côtés des villageois depuis les origines du conflit. L'étude qui acheva de mettre le feu aux poudres fut évidemment communiquée par une autre source, nommée John Waite, journaliste radio de la BBC, qui roulait sa bosse depuis près de trente ans déjà. Un détail d'apparence anodine avait particulièrement attiré l'attention de cet Anglais alors qu'il furetait aux alentours de l'usine et questionnait les villageois : Coca-Cola vendait aux paysans une sorte de pâte noirâtre prétendument composée de déchets organiques qu'elle présentait comme un engrais efficace pour améliorer leurs cultures. John préleva quelques échantillons de terre et d'« engrais » pendant son reportage, puis les fit analyser dans un laboratoire britannique. Par une nuit de juillet 2003, Bijoy trouva sur sa boîte mail le scoop qui allait exploser dès le lendemain à travers toute l'Inde via la BBC : « Ce matériau n'a aucune utilité en tant qu'engrais et il contient des substances toxiques et notamment des métaux lourds comme le cadmium et le plomb, assenait froidement le rapport. Les conséquences sont dévastatrices pour ceux qui habitent dans les zones où ces déchets ont été répandus et pour ceux qui ont mangé les céréales produites sur ces terres », ajoutait l'auteur avant d'entrer dans les détails à propos des conséquences du plomb sur le système nerveux et des effets carcinogènes[1] du cadmium.

Aujourd'hui encore, Vandana Shiva n'en revient toujours pas de l'aplomb des responsables de l'usine à l'époque : « Non content d'assécher les dizaines de puits qui alimentaient les petits fermiers locaux, l'usine avait pollué le peu qui restait aux villageois », ironise-t-elle amèrement. Par la suite, les autorités sanitaires du Kerala ont dû faire leur propre étude et déclarer l'eau impropre à la consommation » raconte la militante écologiste. Le 16 décembre 2003, le juge Balakrishnana Nair intimait à Coca-Cola l'ordre de cesser ses pompages dans la nappe phréatique. Mais la position du magistrat allait plus loin que cette demande : « La doctrine de la confiance publique repose avant tout sur le principe voulant que certaines ressources telles que l'air, l'eau de mer, les forêts ont pour la population dans son ensemble une si grande importance qu'il serait totalement injustifié d'en faire l'objet de la propriété privée, précisaient les attendus du jugement. Lesdites ressources sont un don de la nature et devraient

1 Facteur susceptible de provoquer ou de favoriser l'apparition d'un cancer.

être gratuitement mises à la disposition de chacun, quelle que soit sa position sociale, ajoutait-il avant de conclure : puisque cette doctrine impose au gouvernement de protéger ces ressources, de telle sorte que tout le monde puisse en profiter, il ne peut autoriser qu'elles soient utilisées par des propriétaires privés ou à des fins commerciales [...]. Tous les citoyens sans exception sont les bénéficiaires des côtes, des cours d'eau, de l'air, des forêts, des terres fragiles d'un point de vue écologique. »

Ce jour-là, les villageois laissèrent exploser leur joie. Leurs effusions étaient à la mesure des privations auxquelles ils avaient été contraints, mais il émanait de ces réjouissances une retenue méfiante, comme s'ils ne croyaient pas vraiment à la victoire. Si la déclaration du juge reflétait parfaitement l'idée que se faisait la philosophe indienne de l'usage des ressources naturelles, la décision d'interdire le pompage de l'eau qui en émanait ne suffit pas à déjouer la vigilance de cette militante aguerrie. Du reste, les habitants eux-mêmes ne purent que constater dans les semaines suivant le jugement que l'usine n'avait pas cessé de fonctionner. Les salariés entraient et sortaient chaque jour comme si la décision du tribunal n'était qu'une mauvaise passe. Connaissant la capacité inimaginable de la multinationale à rebondir, quel que soit le prix à payer pour l'environnement et la population, Vandana Shiva savait que la fermeture totale de l'usine n'était pas pour demain… et elle avait raison. Souhaitant une victoire pleine et entière, s'inscrivant dans le long terme, l'activiste fourbissait déjà ses armes pour l'organisation d'un événement sans précédent à Plachimada, à même de faire connaître dans le monde entier les héros de ce village perdu.

La désobéissance des graines

En Sanskrit, le mot *Satyagraha* signifie « étreinte de la vérité ». Il s'agit de défendre une cause par la non-violence et la désobéissance civile. Dans l'histoire indienne, un personnage incarne mieux que quiconque cette doctrine dont il est l'inventeur : Gandhi. Pour ce grand homme, se battre contre un ennemi, aussi injuste et abject soit-il, ne légitime pas qu'on lui fasse violence. Pour tous les Indiens, l'événement emblématique de ce principe reste la « Marche du sel » durant laquelle Mohandas Karamchand Gandhi, armé d'un simple bâton de pèlerin, fit route à pied vers l'océan, en 1930. Ce « père de la Nation » trouvait intolérable l'impôt sur le sel prélevé par les Anglais. Non seulement il appauvrissait encore les plus pauvres, mais il finançait les moyens de coercition déployés par les colons. Plus grave encore, il interdisait tout bonnement aux citoyens indiens de fabriquer leur sel eux-mêmes. Après 300 kilomètres à pied, une fois sur le rivage, Gandhi, accompagné de dizaines de milliers de disciples, avait fait cuire de l'eau de mer afin d'en prélever la fine poudre blanche. Il invitait par ce geste tout le peuple indien à violer cette loi inique. Partout dans le pays les Indiens suivirent son exemple, à tel point que les Anglais durent jeter 60 000 personnes en prison.

Toujours fidèle aux grands principes gandhiens, Vandana Shiva voulut non seulement s'en inspirer, mais y faire explicitement référence, afin que chacun puisse mesurer la gravité de la situation. Ces lois sur les semences et le monopole grandissant de l'industrie sur les graines n'étaient-ils pas comparables au monopole étatique sur le sel dénoncé par le Mahatma et qui avait déclenché la *Salt Satyagraha*, la « lutte du sel » ? Shiva lança la *Bija Satyagraha*, une « désobéissance des graines ». Lors d'un rassemblement organisé par l'un des plus importants syndicats agricoles du pays se tenant à Hospet – une bourgade située à l'est de Goa, dans le Karnataka –, Vandana Shiva exhorta officiellement tous les paysans du pays à enfreindre les lois portant sur la propriété intellectuelle. Quels que soient les accords internationaux que signerait l'Inde, ils devaient continuer à conserver et reproduire leurs semences comme ils l'avaient toujours fait. Cet appel lancé le 2 octobre 1992 (jour anniversaire de la naissance de Gandhi et jour de fête nationale) parcourut les campagnes indiennes grâce au bouche-à-oreille. En mars 1993, ce mouvement populaire poursuivit donc son crescendo à travers un rassemblement sur le site historique de Fort rouge à Delhi. La voix de Vandana Shiva retentit de nouveau dans un silence aussi épais que la foule de 200 000 personnes venues de tout le sous-continent manifester son soutien à ce *Bija Satyagraha*.

Les slogans scandés par la foule de Delhi ont-ils résonné jusqu'au-delà des océans ? Des activistes du monde entier semblent du moins en avoir perçu l'écho : quelques mois seulement après le rassemblement de Fort rouge, un autre événement vit des militants des quatre coins de la planète répondre à l'appel de Navdanya et se mêler au flot des 500 000 paysans qui pénétrèrent le 2 octobre 1993 dans le parc Cubbon. Ce poumon vert situé en plein centre de Bangalore était si grand qu'il valait à cette métropole son surnom de « ville jardin ». Mais dans les années 1990, on connaissait mieux cette agglomération comme la « Silicon valley » indienne et le rassemblement contre les biotechnologies et le brevetage du vivant y prenait toute sa dimension protestataire : les manifestants étaient venus fêter le premier anniversaire de la désobéissance des graines et renouveler leur soutien à cette démarche.

Comment raconter les deux jours de liesse qui s'ensuivirent ? Faut-il décrire les manifestations inondant littéralement les rues de la ville ? Ou encore évoquer les grappes humaines suspendues aux arbres au-dessus de la foule, absorbées par les paroles des orateurs venus pour l'occasion ? Toujours soucieuse d'efficacité, Vandana Shiva vit quant à elle dans cet événement l'occasion de former un maximum de fermiers et de leaders aux questions des OGM, du brevetage et des biotechnologies en général. « Je voulais que les gens repartent en ayant appris des choses et mieux compris les enjeux du monde », explique-t-elle. Outre les nombreux discours politiques auxquels tout un pan du parc était consacré, des conférences se tenaient de l'autre côté du parc Cubbon : « Nous avons repris un par un les éléments de la problématique agricole que nous avons décryptés et analysés », se souvient Vandana Shiva. Parallèlement, les représentants de son association profitèrent de ce rassemblement inédit de paysans pour collecter d'innombrables graines, et distribuer les leurs à tous les paysans désireux de perpétuer ces semences. En acceptant ces graines venues des quatre coins du pays, chaque fermier devait s'engager à reproduire ces semences et à en envoyer un échantillon à Navdanya afin de consolider sans cesse la préservation de ces graines. Vandana Shiva mit donc tout en œuvre pour que ce rassemblement soit avant tout un lieu de travail collectif et un moment studieux sans flonflons inutiles. Pour autant, elle n'était pas insensible à l'atmosphère de grand soir qui régnait sur les jardins de Bangalore. « Le rassemblement s'est terminé en apothéose », s'émeut encore Vandana Shiva en pensant à ces journées d'automne : « Les gens s'étaient tous habillés en vert en signe de soutien et lorsque nous avons pris la résolution de poursuivre la Satyagraha, des centaines de milliers de manifestants ont fait tourner leurs vestes au-dessus de leur tête en criant leur soutien à travers ce parc luxuriant », se souvient-elle.

Deux mois plus tard, l'activiste fut projetée presque sans transition devant un tout autre auditoire emprunt de solennité : le Parlement suédois, à Stockholm. Elle reçut ce jour-là le prix Nobel alternatif[2] qui distingue « les personnes apportant des réponses pratiques et exemplaires aux défis les plus urgents auxquels les Hommes doivent faire face ». Ce prix suédois fait référence à l'un des grands principes du bouddhisme demandant à chacun d'être responsable de ses actes et de ne prélever qu'une part équitable des ressources naturelles dont il a besoin. Un prix d'autant plus destiné à Vandana Shiva qu'il s'est construit sur une opposition à la pensée dominante : les créateurs de cette récompense faisaient initialement partie de la Fondation Nobel. Ils avaient proposé pour le prix Nobel deux catégories supplémentaires (environnement et développement humain), qui avaient été refusés par la prestigieuse organisation. Aujourd'hui, les regards des activistes du monde entier sont tournés vers le prix Nobel alternatif, dont les lauréats sont souvent des personnalités davantage choisies pour leurs résultats que pour leur notoriété.

2 Le nom officiel, mais moins connu de cette récompense est *Right Livelihood Award* que l'on pourrait laborieusement traduire par « Prix du droit à des moyens d'existence justes ».

Intellectuelle et activiste polymorphe, l'Indienne de Dehradun aurait pu être récompensée pour divers aspects de son activité : son opposition constructive aux multinationales, l'aide apportée aux paysans ou encore sa contribution à la protection de la biodiversité. Mais les Suédois choisirent de mettre en exergue ses travaux consacrés à l'écoféminisme, la récompensant « pour avoir placé la femme au centre du discours sur le développement moderne ».
Cette année décisive se termina donc par un discours prononcé le 9 décembre 1993 devant le Parlement suédois. Dans son allocution, Vandana Shiva résuma son combat, depuis sa volte-face nucléaire jusqu'à son épopée à travers toute l'Inde en quête de soutiens, en passant par le mouvement Chipko violemment réprimé. Une période se terminait, marquée par une série de combats essentiellement nationaux, que l'activiste allait porter durant les années suivantes sur le terrain international. Pour autant, elle gardait à l'esprit que seul un profond enracinement local lui permettrait de faire connaître sa cause hors des frontières indiennes. Depuis lors, sa vie ressembla à un numéro de tourneur d'assiettes qui impose à l'acrobate de ne négliger aucune des assiettes qui virevoltent autour de lui. Un exercice sur mesure pour satisfaire l'avidité et le génie de cette femme, bien décidée à poursuivre sa lutte sur tous les fronts. Justement, à cette période où elle rencontrait ses amis de lutte canadiens, américains et français en vue de créer un Forum mondial antiglobalisation, d'autres urgences plus locales la rappelèrent vers sa ville natale de Dehradun. Navdanya était supposée s'implanter dans cette région. Or sur le terrain prévu pour la ferme, Darwan allait se heurter aux dures lois d'une nature polluée et d'une terre sans vie...

« Je n'ai ni eau, ni terre fertile »

Vandana Shiva le reconnaît elle-même : lorsqu'elle a acheté le terrain sur lequel devait s'implanter Navdanya en 1995, celui-ci était une sorte de « désert toxique » rendu infertile par 25 ans de monoculture d'eucalyptus et de canne à sucre. Qu'aurait bien pu faire le pauvre Darwan, même aidé

de deux autres ouvriers agricoles ? Leur volonté inébranlable se heurtait à l'ingratitude de cette terre plus morte que vive. Après quelque temps, cet expert de l'agriculture biologique réalisa qu'il avait peut-être tort de s'entêter face aux habitants du village de Ramgarh qui avaient eu la bienveillance de le prévenir. Darwan avait certes converti à l'agriculture biologique les populations de vallées entières, mais à présent il se sentait aussi écrasé par le soleil que par les 8 hectares de terre desséchée qu'il était supposé rendre cultivable. Il vint un jour trouver la fondatrice de Navdanya pour la convaincre de renoncer : « Vandana, ici, je n'ai ni eau ni terre fertile, comment veux-tu que je fasse de bonnes cultures sans cela ? lui demanda-t-il. C'est trop difficile, tu devrais vendre ce terrain et en acheter un autre mieux situé, même s'il est plus petit.

– Non, répondit l'écologiste d'un ton définitif. Nous devons prouver aux gens que nous pouvons améliorer ce sol et en faire une terre féconde. C'est notre défi, nous devons le relever », affirma-t-elle sans appel. 80 invités arrivèrent bientôt de toute l'Inde pour inaugurer l'ébauche de banque de graines et de ferme biologique perdue en plein Uttarakhand, au pied des monts Shivalik, à 23 kilomètres de Dehradun. La seule petite maison en dur qui se dressait au milieu des champs était destinée à stocker les graines déjà recueillies. Les convives devraient donc bivouaquer sous quelques tentes montées pour l'occasion. Une fois sur place, ces sympathisants de l'agriculture biologique, agriculteurs, agronomes, scientifiques et leaders de mouvements paysans entreprirent chacun à leur tour de dissuader Darwan et Vandana. Après avoir patiemment écouté les recommandations inquiètes de chacun, Darwan finit par prendre la parole devant tout le monde : « D'accord, je vous ai bien entendus, leur assura-t-il. Maintenant, je vous propose quelque chose : laissez-moi deux ans, et dans deux ans, je vous inviterai à nouveau ici, à la ferme, et nous reparlerons de ce que vous venez de me dire », lâcha-t-il sans forfanterie, désormais habité par la mission que lui avait confiée Vandana Shiva et déterminé à rendre la vie à cette terre.

Pages précédentes : *L'agriculture biologique permet aux paysans de cultiver puis de cueillir le coton sans risque d'être contaminés par les pesticides.*

L'année 1996 marqua le début de travaux d'envergure pour fertiliser les champs. Sous la houlette de Vandana, Darwan et les deux ouvriers agricoles qui l'aidaient ne laissèrent rien au hasard. Tout devait être tenté. On se pencha en priorité sur le grave problème d'eau que posait ce terrain : la pluie ruisselait et ne s'y attardait pas une seule seconde. La terre était si imperméable que chaque année, à la saison des moussons, une rivière infranchissable se formait, profonde d'un mètre à un mètre cinquante. « J'ai commencé par construire de petites bordures pour ralentir l'eau et l'érosion qu'elle provoquait, puis de petits canaux d'irrigation partant dans toutes les directions, vers les champs. L'eau devait à tout prix rester ne serait-ce qu'une heure ou deux pour pénétrer dans le sol afin d'y apporter les nutriments qu'elle contenait, décrit Darwan en se remémorant cette période. D'autant que cette eau passait par la forêt en amont et se chargeait d'éléments nutritifs bénéfiques pour la terre », explique-t-il.
Ensuite, l'équipe tâcha de repérer les zones de bonne terre et celles plus mauvaises. « Sur les endroits les plus pauvres, j'ai planté des lentilles et des cultures associées de lentilles, millet, oléagineux, etc. C'est la meilleure manière d'améliorer un sol très pauvre », assure celui qui est aujourd'hui coordinateur national de l'association. « Ces graines se complètent entre elles, fixent la terre et l'enrichissent en azote. En revanche, sur ces zones-là, j'ai évité des cultures telles que le riz : il prend, mais ne donne rien, prévient-il. Idem pour le blé. » Quant aux terres moins pauvres, Darwan continua à en améliorer les qualités avec quatre à cinq sortes de purin végétal, du compost, du fumier et d'autres amendements. De même, dès les premières campagnes fut mise en place une rotation des cultures afin de se donner les meilleures chances de réussite.
Malgré tous leurs efforts pour irriguer la terre, la fertiliser et organiser au mieux la répartition des cultures, Darwan et ses deux ouvriers agricoles savaient que le succès des cultures allait aussi dépendre des graines données par les paysans indiens. Le sort de la ferme était en partie entre les mains de tous les fermiers qui leur avaient précieusement confié leurs semences ancestrales. Ces innombrables petits sachets de graines étaient encore tous gardés dans les fermes partenaires de Navdanya.

« Je ne peux pas imaginer que cette terre est la même que celle vue il y a deux ans et que vous l'ayez à ce point améliorée ! »

Seuls quelques dizaines avaient été récupérés, dans un premier temps, par la banque de graines qui allait ensuite pouvoir accueillir toutes les semences du réseau. C'était le moment ou jamais de mettre ce patrimoine à contribution, d'autant que l'enjeu de Navdanya était aussi de protéger les variétés qui avaient naturellement fait leurs preuves dans des sols peu fertiles, sous des climats secs ou sur des terres d'altitude. Pour avoir lui-même patiemment organisé la préservation de ces semences, Darwan en connaissait toute la valeur et ne laissait aucune graine échapper du creux de sa main à moins de la planter en lieu sûr. Ce soin particulier que nécessite la gestion d'une banque de graines rend la culture de 8 hectares beaucoup plus contraignante que dans une ferme traditionnelle, et bientôt l'équipe de Navdanya dut faire appel de temps à autre à quelques ouvriers agricoles des alentours. Pendant deux ans, cette terre du village de Ramgarh fut travaillée, observée et soignée et suscita l'inquiétude des cultivateurs. Bientôt, la date butoir fixée aux premiers visiteurs de Navdanya lors de l'inauguration arriva et Vandana Shiva dut bien lancer ses invitations.

Les invités affluèrent, tous curieux de voir ce qu'était devenu le terrain sur lequel l'association avait jeté son dévolu pour stocker les graines et les reproduire. Darwan Singh, promu depuis coordinateur national de l'association, n'oublierait jamais cette journée et tout particulièrement la réaction du docteur Debal Deb, éminent chercheur en biologie de la conservation qui, deux ans auparavant, avait été le plus véhément à désapprouver le choix de ce terrain et à décourager l'équipe qui en avait la charge. « Je ne peux pas imaginer que cette terre est la même que celle vue il y a deux ans et que vous l'ayez à ce point améliorée ! » admit-il spontanément, aussitôt arrivé à la ferme Navdanya. Peu de temps plus tard, le docteur Debal Deb allait créer lui-même une exploitation spécialisée dans la conservation des semences de riz au Bengale, en s'inspirant des techniques utilisées ici. Cette nouvelle banque de graines viendrait s'ajouter au réseau des partenaires de Navdanya. La surprise du docteur

Debal Deb donna le ton des commentaires formulés par les autres visiteurs durant tout ce rassemblement qui devait permettre aux invités d'échanger leurs connaissances et leurs informations sur les thèmes de l'agriculture biologique et de la préservation des semences.
Mais Darwan et Vandana Shiva furent plus sensibles encore à la réaction des fermiers qui avaient confié leurs semences à Navdanya. Certains venaient de loin pour voir dans quelles conditions étaient conservées les graines qu'ils utilisaient et dont leurs ancêtres avaient eux aussi tiré leurs ressources avant eux. « En voyant leurs propres graines anciennes pousser ici, certains paysans se mettaient à pleurer », se souvient Darwan tout en réalisant ce que la scène pouvait avoir d'insolite vue de l'extérieur. « Imaginez que ces gens ont vécu depuis leur enfance au milieu de ces plantes : ils en reconnaissent la moindre partie, la moindre feuille, le moindre signe distinctif. Cela les touchait énormément que nous prenions tant de soin pour ces graines et les reproduisions, se rappelle-t-il. Nous leur disions : "Ces graines sont à vous, c'est vous qui nous les avez données lorsque nous sommes venus demander votre aide. Prenez-en !" Ils se servaient et les ramenaient chez eux », se souvient-il.
Les paysans du voisinage venaient eux aussi rendre visite à la ferme Navdanya. Certains avaient même loué leurs bras pour aider aux cultures. Ils avaient vu la fertilité des sols se reconstituer et s'améliorer constamment. Les rendements gagnaient en moyenne 10 % par an sans qu'aucun produit chimique ne soit utilisé. Progressivement, Darwan et ses acolytes virent les fermiers des alentours remettre en culture les terres qu'ils avaient dénigrées, abandonnées ou transformées en pâturages sous prétexte qu'elles étaient infertiles. Ces résultats tangibles, quantifiables et vérifiables, Vandana Shiva s'en servait dans chacun de ses discours. Mais elle savait les apprécier pour elle-même en se laissant imprégner de cette biodiversité qui sollicitait chacun de ses sens, goûtant avec gourmandise les produits de la ferme ou admirant le simple spectacle du retour des papillons sur cette terre revenue à la vie. Lors de ses passages à la ferme, elle n'en perdait pas une odeur, pas une image, avant de se retrouver plus vite qu'elle ne l'aurait souhaité à l'arrière d'une voiture filant le long du canal du Gange en direction de Delhi et de son aéroport

international. Le combat qu'elle menait avec ses amis du Forum antiglobalisation se propageait à la vitesse des avions décollant de Delhi vers tous les horizons. Loin des gazouillis de la ferme biologique l'attendait une tout autre ambiance : l'actualité propulsait les altermondialistes au-devant des caméras. Les images de halls de conférence bondés succédaient aux scènes de rues baignées de gaz lacrymogènes.

Teddy, Maude, Jerry et José

De tous les grands rassemblements mondiaux contre la globalisation, Vandana fut particulièrement marquée par Seattle en 1999. Après plusieurs années de gestation, cet événement fut le vrai coup d'envoi médiatique du Forum international antiglobalisation aux yeux du monde. Ce réseau d'activistes, d'économistes, de chercheurs et autres experts s'était donné pour mission de développer une réflexion alternative à la pensée unique néolibérale. Ses membres développaient non seulement une analyse des effets pervers de la globalisation sur l'environnement et la société, mais ils entendaient surtout informer le plus grand nombre, voire former la population à l'esprit critique dans des domaines aussi complexes que la théorie économique ou le brevetage du vivant. La philosophe indienne et trois autres activistes étaient à l'origine de cette initiative.

Parmi eux, Teddy Goldsmith était une figure incontournable du mouvement écologiste mondial. La revue internationale qu'il créa en 1969 était déjà une plateforme unique mettant en réseau et donnant la parole aux environnementalistes les plus éminents et les plus engagés. « Lorsque Teddy a lancé *The Ecologist*, il ne fit pas que lancer la meilleure revue écologique du monde. Il a créé un nerf central pour le mouvement écologique », affirma Vandana Shiva lorsque ce grand homme disparut en août 2009[3]. « J'étais très proche de Teddy Goldsmith, et ce depuis 1980, date à laquelle j'ai fait une étude sur l'impact de l'eucalyptus qu'il a pu-

3 Source : *L'Écologiste* n° 30, hiver 2009.

bliée. J'étais dans le comité éditorial à l'époque où Teddy dirigeait le magazine. Nous étions très complices tant intellectuellement que du point de vue de la philosophie du mouvement écologique, confie-t-elle encore. Il était mon plus vieux compagnon de lutte écologique et j'étais très triste de le perdre, très très triste... » se souvient-elle avant de rebondir sur un bon souvenir : « C'est quand nous avons créé le Forum international antiglobalisation que s'est vraiment créé une famille d'activistes. »
Maude Barlow, le troisième membre de cette « nouvelle famille », se consacrait déjà dans les années 1990 à ses deux thèmes de prédilection : la préservation de l'eau et le féminisme. En 2004, elle n'hésita pas à suivre Vandana Shiva jusque dans ses combats indiens, notamment contre la firme Coca-Cola. L'année suivante, son nom rejoignit celui de la militante écoféministe dans la liste des lauréats du prix Nobel alternatif.
Les trois activistes avaient choisi pour meneur un personnage aussi rassurant que charismatique, que l'on reconnaissait aisément à ses lunettes cerclées surmontées d'une chevelure einsteinienne aussi blanche que la neige : Jerry Mander. En 1977, cet expert en communication publiait déjà un ouvrage intitulé *4 arguments pour l'élimination de la télévision*. Il créa ensuite la première agence de publicité à but non lucratif avant d'écrire bien d'autres livres, tous plus véhéments les uns que les autres pour dénoncer les dangers d'une croissance sans limites.
Ces quatre cerveaux allaient phosphorer de concert pour mettre en commun leurs luttes respectives et développer une stratégie redoutable, d'échelle internationale. Avant de mettre leurs forces en commun, chacun de ces personnages était connu à l'intérieur de la sphère militante sans parvenir vraiment à toucher le grand public. Ils jetèrent leur dévolu sur une date importante pour entrer en scène : la troisième conférence ministérielle de l'OMC prévue en novembre 1999 à Seattle. Si, aujourd'hui, les mots d'« émeutes » voire de « bataille » sont systématiquement accolés à cette date, l'action du Forum antiglobalisation s'organisait pourtant clairement sur le principe de la non-violence. « Pour ce sommet, nous nous étions fixé un objectif : rassembler 5 000 personnes ; mais ce sont 30 000 personnes qui sont arrivées ! » se rappelle Vandana Shiva. Pour la première fois, une manifestation parvint à bloquer un sommet

international : les officiels furent tout simplement confinés dans leurs hôtels par les manifestants le premier jour. Ce succès était celui d'une recette qui allait être reproduite à de nombreuses reprises : les militants utilisaient les médias présents à l'occasion de ces grands raouts comme porte-voix, comme levier d'information.

La forte affluence fut d'autant plus satisfaisante pour les organisateurs au regard du pays choisi pour cette protestation : « L'idée de libre commerce telle qu'elle était présentée à travers le monde était surtout une idée américaine, rappelle Vandana Shiva. Mais de nombreux Américains ne savaient pas ce qui était en train de se passer. Nous nous sommes dit que nous devions absolument réveiller la société américaine et ses agriculteurs : en Inde, en France et dans de nombreuses régions du monde, des fermiers étaient en train de protester, mais aux États-Unis personne ne protestait », explique-t-elle. Toujours soucieuse d'instaurer une ambiance studieuse et de faire de ces grands rassemblements des lieux de formation, Vandana Shiva ne manqua pas d'audace lorsqu'elle choisit avec ses amis d'intervenir au sein du prestigieux Benaroya Symphony Hall, avec la crainte légitime de voir la majorité de ses 2 500 places vides. Non seulement les réservations furent épuisées avant l'ouverture des portes, mais 3 000 personnes supplémentaires durent rester dehors et renoncer à ces conférences. Les ateliers, discussions et autres débats qui suivirent pendant toute la semaine furent eux aussi pris d'assaut par un public avide d'informations.

En tête des cortèges se déversant dans les rues de Seattle, certains grands noms de l'altermondialisme devenaient progressivement les inconditionnels d'une sorte de circuit international menant d'une manifestation à l'autre. Vandana Shiva avait notamment rencontré à plusieurs reprises José Bové : « La première fois, c'était en janvier 1998, à Nérac près d'Agen, se souvient l'ex-leader de la Confédération paysanne. C'était le premier procès symbolique que nous faisions contre les semences transgéniques de Novartis, et Vandana Shiva était venue témoigner avant que nous ne détruisions des stocks de semences de maïs OGM. » Mais elle avait aussi soutenu le démontage du Mac Donald de Millau. De son côté, le Français ne ratait pas une occasion de répandre l'odeur de sa pipe par-

Vandana Shiva donne une conférence à Kotchin, dans le Kerala, sur le thème de la protection des ressources hydriques.

mi les foules indiennes levant le poing contre les principes de l'agriculture intensive et les biotechnologies. Ainsi, un an à peine après Seattle, José Bové se retrouva aux côtés de paysans du Karnataka qui, eux aussi, avaient organisé un procès public contre les firmes agrochimiques. « Les premiers cas de suicide liés aux OGM avaient été répertoriés et les familles venaient témoigner, se rappelle encore le militant écologiste. Certains agriculteurs avaient vendu un de leurs reins pour faire face à leurs dettes contractées pour payer des semences OGM, explique-t-il. Ce procès était un moment important, car il y avait des scientifiques, des magistrats, des activistes venus de tous pays. » Quelques années plus tard, en 2004, José Bové allait venir une fois encore accompagner son amie indienne dans un village isolé du Kerala, un petit coin de paradis défiguré puis asséché par une usine Coca-Cola : Plachimada.

Au-delà des rencontres dans son cercle de militants, Vandana Shiva mesura aussi à Seattle l'impact de ses livres à l'étranger : « Quand je marchais dans les rues, j'étais surprise par le nombre de jeunes qui m'interpellaient, disant qu'ils avaient lu tel ou tel livre et même qu'ils l'avaient étudié au lycée, se souvient l'écrivain. De ce point de vue, la société américaine est assez étonnante : d'un côté, l'économie est très contrôlée, mais de l'autre, l'éducation est très libérale, note-t-elle. Les professeurs choisissent par exemple librement les ouvrages étudiés par les élèves, ce qui est assez rare », explique cette femme qui fut souvent invitée à dispenser des enseignements aux États-Unis. Vandana Shiva était d'autant plus sensible à l'accueil que réservaient les étudiants à ses livres qu'elle se considérait elle-même comme une éternelle étudiante. Cette intellectuelle ne s'est jamais lassée d'apprendre. Elle évoque aujourd'hui encore la réalisation d'un exercice de mathématiques avec l'excitation d'un amateur de jeux qui s'apprête à engager une nouvelle partie. Cette passion pour la transmission des connaissances allait d'ailleurs conduire Vandana Shiva à lancer sa propre université sur le site même de la ferme de Navdanya : l'université des graines, aussi appelée « université de la Terre ». Ce projet qui fait aujourd'hui sa fierté l'a en réalité prise de cours, en démarrant presque contre son gré.

Navdanya ou le grand essaimage

La réussite de Navdanya avait sans doute des allures de provocation aux yeux des semenciers et autres vendeurs de produits phytosanitaires. Au fil des années, sans affiches géantes, sans spots télévisés, sans subventions de l'État ni sponsors et avec très peu de moyens, le réseau avait tissé sa toile. L'association défiait les lois internationales sur le brevetage et les OGM et sa stratégie échappait tout simplement aux codes et à la compréhension des grandes entreprises. Les firmes agrochimiques ne pouvaient que constater le déploiement irrésistible de l'association au cours des années 2000. Saison après saison, rien ne semblait pouvoir freiner la collecte, la diffusion et la multiplication des graines et des idées de Navdanya : ni la terre du village de Ramgarh, malade et finalement soignée par Darwan, ni les bataillons de commerciaux battant la campagne pour vendre leurs produits phytosanitaires, ni même la tentative d'humiliation sordide, orchestrée par le lobby industriel, qu'allait subir Vandana Shiva en pleine rue.
La confiance qu'elle accordait aux paysans, à leur expertise et à leur capacité à reproduire les graines apportait des résultats dépassant les espérances de la scientifique indienne. Certains donnaient volontairement leurs graines à la banque afin d'empêcher leur disparition. D'autres les recevaient et respectaient à la lettre le contrat moral passé avec Navdanya : ils reproduisaient les semences puis les redistribuaient à deux autres agriculteurs au moins, ou bien les renvoyaient à la banque de graines avec un petit excédent. Le déploiement continu du réseau avait porté le nombre de fermiers membres de l'organisation à 70 000, et l'association avait au total aidé 400 000 agriculteurs. De petits groupes s'étaient créés, ce qui avait stimulé l'apparition de 54 banques communautaires rattachées à Navdanya à travers toute l'Inde, depuis les hautes vallées du Ladakh, en passant par les déserts du Rajasthan, et jusqu'aux mosaïques miroitantes des rizières du Kerala, festonnées de cocoteraies. Au fil des années, le nombre de semences collectées puis replantées et diffusées reflétait lui aussi le succès de l'organisation : outre les centaines de variétés de millets, de céréales, de graines oléagineuses, de lé-

gumes ou encore de plantes médicinales, l'association avait également réuni plus de 250 variétés de riz et 75 de blés. Ce patrimoine faisait la fierté de Vandana Shiva : il comportait en particulier des graines adaptées à toutes sortes de sols et de climats, du fait de sélections effectuées pendant des siècles par les fermiers. En plus de la diffusion des semences auprès des différentes communautés paysannes, Navdanya avait pu venir en secours aux fermiers de régions frappées de catastrophes naturelles en leur apportant des graines adaptées. Les paysans de l'Orissa, dont les terres avaient été recouvertes d'eau de mer suite à un cyclone, avaient reçu des semences capables de se développer dans les sols salés. Lorsqu'une sécheresse dévastatrice avait décimé les cultures du Bundelkhand, dans le Nord de l'Inde, ses habitants avaient eux aussi pu bénéficier des dons de Navdanya, qui possédait des graines adaptées aux climats extrêmement secs. Après les inondations, les paysans du Bihar avaient également eu accès à des semences dont les propriétés étaient compatibles avec des sols gorgés d'eau. Plus largement, l'association s'enorgueillissait de diffuser des graines capables de résister au réchauffement climatique partout en Inde.

Au centre des multiples ramifications qui reliaient Navdanya à presque tous les états du pays, la ferme biologique située à Ramgarh était le cœur palpitant de cet organisme en pleine croissance. De 8 hectares, la surface du site était passée à 18 hectares et les effectifs avaient atteint 20 personnes. Vergers et champs occupaient à parts égales le terrain tandis qu'une bande de 2 hectares longeait la forêt voisine. La liste des travaux à réaliser toute l'année sur ces terres ressemblait aux douze travaux d'Hercule tant les variétés de graines étaient nombreuses. Chaque tâche était dûment répertoriée sur un calendrier annuel donnant les grandes lignes du plan de travail : maïs, concombres, plantes oléagineuses et autres variétés de millets étaient semés au mois de juin, tandis que le blé, l'orge, l'avoine et de nombreux légumes étaient mis en terre plutôt en novembre et décembre. Entre-temps, dès septembre, commençaient les récoltes de sésame, concombre, millet, puis le riz et les arachides étaient collectés en octobre ; l'orge, le lin, la moutarde et certains légumes en mars. Auparavant, la terre avait été soigneusement préparée à l'aide de généreux apports de compost et de plantation d'engrais verts. Mais l'équipe consacrait aussi une grande partie de son temps à la conservation des semences. En amont, les champs devaient être jalonnés de repères puis soigneusement cartographiés, afin de localiser facilement chaque variété. Une fois récoltées, les graines devaient être nettoyées, séchées, puis étiquetées et stockées. Nul n'aurait pu dire quel voyage elles feraient ensuite, dans quels états elles migreraient et encore moins quel paysan allait en tirer sa subsistance puis les redistribuer. Pour autant, les curieux désireux de mieux connaître le destin de ces semences et plus largement les techniques de l'agriculture biologique ainsi que les idées de Vandana Shiva étaient de plus en plus nombreux.

Dans son entourage, un homme la poussait à satisfaire cette demande. Il lui semblait indispensable d'élargir les missions de Navdanya en créant une université d'un genre nouveau, qui accueillerait non seulement les paysans en quête d'une formation à l'agriculture biologique, mais aussi les militants indiens ou étrangers cherchant à s'informer sur la question du brevetage des semences ou encore les personnes s'intéressant à la biopiraterie, aux dangers des OGM, à l'écoféminisme, etc. Cet ami de Vandana se nommait Satish Kumar. Il savait bien de quoi il parlait puisqu'il avait lui-même créé l'université Schumacher, dans le Devon, en Grande-Bretagne. Cette institution unique dispensait des enseignements entièrement tournés vers la protection de l'environnement. Outre les connaissances techniques que les professeurs de Schumacher diffusaient sur la question de l'horticulture biologique, des énergies renouvelables ou des théories économiques soutenables, cette organisation voulait incarner le principe d'une « éducation holistique » : le panel des cours dispensés n'oubliait aucune dimension de la préservation de l'environnement, y compris notre relation à la consommation, nos résistances psychologiques au changement ou encore les liens entre éducation et écologie. Depuis la création de cette université britannique en 1991, Vandana Shiva avait fait partie des intervenants. Une étroite complicité la liait à Satish Kumar. Les deux amis avaient pour point commun leur engagement et leur exceptionnelle ouverture d'esprit. Satish Kumar était un personnage hors du commun, au parcours de vie à peine croyable. À neuf ans seulement

il décida de renoncer au monde pour rejoindre une confrérie de moines errants de religion Jaïn[4]. À 18 ans, il quitta la vie monastique pour embrasser l'idéal gandhien et militer pour la protection de l'environnement. Ses convictions le poussèrent à entamer sans un sou en poche une marche de près de 13 000 kilomètres ralliant les quatre grandes puissances nucléaires du monde afin de les convaincre d'abandonner cette arme. Puis il devint rédacteur en chef du bimestriel britannique *Résurgence,* publiant les textes d'auteurs tels que Wangari Maathai, James Lovelock, Noam Chomsky, le Dalaï-Lama et bien sûr Vandana Shiva. Lequel de ces deux militants indiens était le plus déterminé et possédait le caractère le plus affirmé ? Difficile de le dire, mais une chose était certaine : Satish allait prendre tous les risques pour convaincre Vandana de créer sa propre université, y compris celui d'une brouille avec cette femme qui ne laissait personne lui imposer quoi que ce soit.

L'université des graines

« Très franchement, je n'avais pas prévu d'ouvrir cette université », tient à rappeler Vandana Shiva en souriant, lorsqu'elle évoque la création, en 2002, de l'université des graines, appelée *Bija Vidyapeeth* (« école de la graine » en hindi), ou encore « université de la Terre ». Depuis des années, Satish Kumar ne se lassait pas de revenir à la charge : « Tu devrais créer une université à l'image de Schumacher en Grande-Bretagne », martelait-il sans tenir compte de l'agacement de la militante indienne. « Satiiiiish ! lui répondait-elle avec un sourire en coin, Je n'ai vraiment pas le temps, je n'ai pas une seule minute à moi dans la journée, tu le sais très bien ! » Un jour où l'Indien rendait visite à son amie à Dehradun, celle-ci décida de ne pas relever la énième tentative de son visiteur qui, en

4 Ancienne religion indienne qui prêche la non-violence à l'égard de tout être vivant.

Pages précédentes : *Dans le jardin de la ferme de Navdanya, près de Dehradun.*

se promenant le nez au vent autour de la ferme biologique, nota l'air de rien que « cet emplacement serait idéal pour construire une université ». Quelque temps plus tard, Vandana dut se rendre à Londres pour intervenir dans le cadre des conférences Reith organisées par la chaîne britannique BBC. Chaque année, un seul contributeur avait accès à cette tribune qui représentait une reconnaissance internationale prestigieuse. Comme l'écologiste indienne était la première femme du Tiers-Monde à en profiter, Satish organisa à Londres une grande réception en l'honneur de son amie. Après avoir réclamé le silence, le fondateur de Schumacher prit la parole pour lui rendre hommage. Juste avant de terminer son discours, il annonça solennellement qu'elle allait créer très bientôt une université... Vandana Shiva fut littéralement estomaquée, elle qui n'avait jamais envisagé de concrétiser cette idée. Mais la résignation et l'amusement prirent vite le pas sur la colère : « Quand le micro est arrivé vers moi, j'avais deux options, se souvient-elle : soit je disais que ce projet n'était pas le mien et je mettais mon ami dans une position très embarrassante, soit j'inventais le nom de l'université, ce que je fis au dernier moment en lâchant le nom de *Bija Vidyapeeth*. »

De retour en Inde, elle lança la construction du campus qui compterait quelques mois plus tard un bureau d'accueil, une grande salle de conférence, une bibliothèque, une cantine et une série de dortoirs pour accueillir les étudiants. Mais comment structurer ce nouveau projet alors même que Vandana devait, en plus de la gestion des banques de graines, faire face à un nombre croissant de sollicitations ? Les méandres de la providence avaient, quelque temps auparavant, déposé près d'elle une amie de très longue date, perdue de vue : « Notre amitié est comme une rivière qui a pris sa source au pied de l'Himalaya, disparu sous terre, puis ressurgi », explique Maya Goburdhun qui n'a jamais oublié la main tendue par Vandana dans le dédale bétonné de Chandigarh, bien des années plus tôt, alors qu'elle débarquait à peine de l'Île Maurice. « Ce flot ne s'est jamais interrompu, même si nous ne nous sommes pas vues pendant quelques années », se souvient-elle dans un français aussi soigné que la natte grisonnante tressée dans son dos. Et pour cause : avant de rejoindre Navdanya, Maya a été professeure de français, puis traductrice et interprète à Delhi, jusqu'au jour où ses pas recroisèrent par hasard ceux de son amie. Convaincue par les combats de Vandana, elle quitta aussitôt son poste : « Un nouveau monde s'est alors ouvert à moi : je n'avais jamais été face à une telle alternative de vie », s'émeut encore Maya qui devint l'assistante de Vandana, puis accéda au poste de directrice de Navdanya. Quand le projet de l'université se concrétisa, elle offrit comme toujours une aide aussi efficace que discrète et humble, qu'elle décrit aujourd'hui comme un « rôle de soutien », alors même qu'elle représente l'une des clés de voûte de l'organisation.

Un aréopage de visiteurs se pressa bientôt aux cours de cette école communautaire où l'on enseignait en somme les principes d'une vie durable : les femmes descendues des montagnes himalayennes côtoyaient de jeunes étrangers venus du Japon, d'Europe ou des États-Unis. Paysans, intellectuels, militants, routards, hippies et autres entrepreneurs en quête d'alternatives partageaient des repas exclusivement végétariens, puis lavaient chacun leurs couverts : nettoyer sa propre crasse faisait partie des principes de la philosophie de Navdanya, s'inspirant bien sûr des habitudes de Gandhi lui-même. La nuit, les participants dormaient par dortoirs de 3 à 5 personnes, hommes et femmes séparés. Quant aux enseignements, ils portaient certes sur l'agriculture biologique, mais plus largement sur les modes de vie durables, à travers des disciplines techniques autant que philosophiques. La gestion de l'eau, la vie des sols, la fabrication de produits phytosanitaires naturels ou encore la cuisine écologique figuraient parmi les programmes proposés, tout comme la reconquête des ressources naturelles, la non-violence, la souveraineté alimentaire ou l'art de l'activisme. Outre ces contenus, le déroulement des cours illustrait lui aussi l'un des principes les plus chers à Vandana Shiva : la démocratie. En plus du prix très raisonnable des sessions, la fondatrice de Bija Vidyapeeth mit un point d'honneur à faire intervenir dans son université les meilleurs spécialistes de tel ou tel sujet, quitte à les faire venir de pays lointains. Les simples citoyens n'avaient-ils pas le droit aux informations les plus pointues sur des sujets qui les concernaient directement ? Non seulement l'université leur offrait cette possibilité, mais le cadre des cours favorisait une forte implication du public afin que chacun puisse interpeller librement et sans complexes de grands esprits tels que le professeur Samdhong Rinpoché (Premier ministre du Gouvernement tibétain en exil), Arundhati Roy, Teddy Goldsmith ou évidemment Vandana Shiva qui donnait elle-même des cours.

Quelle que fût la diversité des enseignements dispensés et des intervenants, les programmes les plus récurrents portaient sur l'agriculture biologique. La ferme offrait un support unique pour illustrer les principales méthodes utiles en agriculture ainsi que la conservation des graines et de la biodiversité en général. Pour autant, les formations dispensées sur le terrain, sur le modèle de celles réalisées par Darwan au début de Navdanya, ne devaient pas cesser, car la plupart des fermiers n'avaient ni le temps ni l'argent pour se rendre à la ferme écologique. Au total, au cours des années 2 000, Bija Vidyapeeth et Navdanya revendiquaient la formation de près de 500 000 fermiers à l'agriculture biologique. La philosophe indienne avait patiemment aiguisé l'esprit critique des agriculteurs indiens et soulevé un véritable mouvement populaire contre les OGM, le brevetage et l'agriculture intensive en général, au point que les lobbies industriels virent bientôt en elle leur pire ennemie. Ils choisirent de désigner leur cible d'une manière qu'ils voulurent humiliante, voire agressive, durant le Sommet mondial sur le développement durable, fin août 2002 à Johannesburg.

Alors que l'activiste déambulait dans les rues de la capitale sud-africaine, un petit groupe surgit face à elle et remit entre ses mains un trophée monté sur un socle représentant... une bouse de vache ! « Nous avons donné le "Bullshit Award for sustaining poverty[5]" à Vandana Shiva à Johannesburg, car elle est devenue l'icône antiglobalisation en Occident », expliquerait plus tard Barun Mitra, lobbyiste proche des clubs de pensée ultralibéraux en Europe et en Inde, et ennemi juré de Vandana. Elle croit que déréguler le commerce et globaliser l'économie nuit aux pauvres. Nous pensons exactement l'inverse : pour nous, les pauvres le sont parce qu'ils n'ont pas l'opportunité de créer de la richesse. Et la politique que défendent Shiva et ses disciples va perpétuer la pauvreté et maintenir

5 En français le « prix de la bouse de vache pour le soutien apporté à la pauvreté ».

UNI

ces gens dans l'indigence. » Rien n'avait préparé Vandana Shiva à être interpellée en public avec autant de grossièreté, mais elle ne perdit pas son sang-froid et les fâcheux trouble-fêtes allaient en être pour leurs frais. Dans un premier temps, devant la foule qui s'était regroupée autour d'elle, Vandana remercia chaleureusement son opposant : « Je suis vraiment heureuse et honorée de recevoir ce présent », ironisa-t-elle tout en gardant son sérieux : « Chez nous en Inde, nous nous faisons une très haute idée des vaches qui sont des animaux sacrés », expliqua-t-elle patiemment, avant de se lancer dans l'énumération de tout le profit que les femmes du sous-continent tiraient de la bouse de vache. Elle détailla les méthodes utilisées pour transformer la bouse soit en combustible pour cuire la nourriture, chauffer l'habitation, soit en engrais. Elle les remercia enfin de montrer à travers ce geste qu'ils avaient finalement compris toute la pertinence de l'agriculture biologique.
Cet événement et l'excellente répartie de Vandana Shiva lui valurent une telle publicité que deux documentaristes suédois réalisèrent un film à propos de Vandana Shiva facétieusement appelé « Bullshit »[6]. Nul ne savait alors que cette petite revanche allait précéder une série d'autres victoires infiniment plus sérieuses dont les sanctions seraient prononcées par les tribunaux, et les conséquences colossales pour les entreprises poursuivies par Vandana Shiva et son association Navdanya.

« Nous avons gagné ! »

Fallait-il obligatoirement être vêtu d'une blouse blanche, installé dans un laboratoire ultra-moderne et œuvrer dans le halo bleuté d'un ordinateur pour produire une authentique « innovation » ? Vandana Shiva

6 *Bullshit* (bouse de vache), Pea Holmquist et Suzanne Khardalian, 2005 (disponible en anglais). Ce mot signifie aussi « mensonge » en langage familier.

Pages précédentes : *Vandana donne une interview à la sortie de la salle d'audience du Tribunal citoyen indépendant, à Delhi.*

aurait aimé que chaque paysan travaillant la terre du sous-continent perçoive toute la vanité de ce cliché et prenne conscience de l'ampleur de ses compétences et de sa propre expertise. L'Indienne aimait rappeler l'histoire de certaines merveilles du génie paysan telles que le riz basmati. Son regard de spécialiste en philosophie des sciences considérait cette céréale comme le fruit de siècles de « recherches informelles », qui représentaient un travail inestimable d'observation, d'expérimentation et de sélection effectué par des générations d'agriculteurs. Ils avaient amélioré à la fois l'adaptation des semences à leurs régions respectives, mais aussi le goût du riz et sa capacité de cuisson. Au fil des siècles, cet aliment était devenu une manne précieuse que les nobles gardaient jalousement et que les étrangers convoitaient en salivant.

Jusqu'au jour où une entreprise texane, Rice Tec, décida de s'en emparer en déposant le brevet numéro 5663484 sur les souches et les grains de riz basmati. « Le brevet de cette "invention" couvrait les souches génétiques du basmati et incluait les gènes de variétés obtenues par les agriculteurs, explique l'écologiste indienne. S'il avait été mis en œuvre, ce brevet aurait pu empêcher les paysans de cultiver ces riz que leurs ancêtres et eux-mêmes avaient développés », raconte-t-elle. Face à ce pillage qui allait obliger les fermiers indiens à demander une autorisation, puis à payer des redevances pour utiliser leurs propres semences, Vandana Shiva mena une lutte acharnée devant les tribunaux américains pendant près de 5 ans avant que la justice ne se prononce. Le 14 août 2001, le Bureau américain des brevets et des marques annula en grande partie le brevet déposé par Rice Tec, le rendant inexploitable. Il établit aussi que l'entreprise n'avait pas créé l'aspect de ce riz (hauteur des plants, longueur du grain, saveur...), contrairement à ce qu'affirmait la firme texane : ces caractéristiques venaient bel et bien des variétés traditionnelles de basmati développées par les paysans indiens.

Pendant les années suivantes, la scientifique saisit régulièrement l'occasion de lever le voile sur la rouerie d'entreprises biotechnologiques aussi puissantes que rusées. Chaque décision de justice était l'occasion de rappeler que les brevets sur le vivant découlaient le plus souvent d'une appropriation abusive de végétaux et de savoirs locaux, que l'on appelait

S'il avait été mis en œuvre, ce brevet aurait pu empêcher les paysans de cultiver ces riz que leurs ancêtres et eux-mêmes avaient développés.

depuis peu la « biopiraterie ». Ces victoires juridiques demandèrent chacune des années de travail, tant les États rechignaient à sanctionner de riches multinationales. Mais ces verdicts représentaient le socle inébranlable sur lequel prenait appui l'avancée des idées de Vandana Shiva. L'une des victoires les plus marquantes de cette période fut celle obtenue contre plusieurs groupes, dont le géant agrochimique W.R. Grace, afin de protéger la liberté d'usage du margousier (plus connu sous le nom de « neem »). Cet arbre mentionné par d'anciens textes indiens datant de plus de 2 000 ans possède d'impressionnantes vertus antiparasitaires et insectifuges utilisées depuis des siècles à travers le sous-continent, dans la médecine humaine et vétérinaire, ainsi que dans l'agriculture en général. Il fait l'objet d'une authentique vénération dans la culture, les religions et la littérature. Existe-t-il une espèce plus admirable que ce magnifique arbre tropical à feuilles persistantes qui peut atteindre 30 mètres de hauteur et vivre plus de deux siècles ? Les fermiers indiens eux-mêmes ne l'appellent-ils pas « l'arbre libre » ou encore « l'arbre gratuit » ? « Il symbolise la diversité des espèces et la libre connaissance à leur sujet, expliquait inlassablement Vandana Shiva à ses amis de lutte. Les Indiens ont d'ailleurs fait cadeau au monde entier de leurs connaissances sur le neem », ajoutait-elle en faisant allusion au développement de cet arbre d'origine indienne et de son usage dans d'autres pays chauds.

Malheureusement, ce don de la nature ne suffisait pas à satisfaire l'avidité de certains. Une fois cette véritable panacée identifiée par l'industrie, les brevets s'empilèrent à toute vitesse, atteignant rapidement le nombre de 64. Le principal enjeu de cette course aux brevets était l'utilisation du margousier en tant que fongicide par la société américaine Grace. Celle-ci implanta en particulier une usine capable de traiter 20 tonnes de graines par jour. Les conséquences d'un tel pillage ne se firent pas attendre : les médecins n'eurent bientôt plus accès à ce remède, car le peu de graines échappant à Grace était devenu hors de prix. Tous les dérivés de cet arbre furent bientôt introuvables, privant les Indiens d'une ressource autrefois presque aussi gratuite que l'air. Ils s'en servaient aussi bien pour se laver les dents que pour soigner leurs bêtes, protéger leurs plantations ou encore allumer leurs lampes qui carburaient à l'huile de margousier.

Les conséquences désastreuses de ce brevet étaient aussi difficiles à croire que le contexte de son attribution : l'une des conditions du brevetage était « la nouveauté ». Or, les effets fongicides du margousier étaient connus depuis 2 000 ans en Inde... Il fallut pourtant plus de 10 ans à Vandana Shiva, le soutien de l'IFOAM (Fédération internationale des mouvements d'agriculture biologique) et celui des Verts européens pour acculer l'Office européen des brevets à révoquer celui de Grace, d'abord partiellement en 2000, puis dans son intégralité en 2005, lorsque l'antériorité des savoirs traditionnels indiens fut reconnue.

Entre-temps, par une froide journée de janvier 2004, l'écologiste indienne dut se rendre une fois encore à Munich devant l'Office européen des brevets, pour une tout autre affaire, impliquant cette fois-ci Monsanto, qui avait fait main basse sur une ancienne variété de blé indien. La douzaine d'activistes présents ce jour-là frissonnaient, les pieds dans la neige. Ils avaient pour objectif l'annulation d'un brevet déposé par ce semencier, le plus puissant au monde. Un haut fonctionnaire dut finalement sortir pour entendre la délégation. Reconnaissant Vandana Shiva, rencontrée à l'occasion des affaires précédentes de biopiraterie, il vint la saluer avec une courtoisie presque exagérée :

« Bonjour Madame Shiva, avez-vous fait bon voyage, lui demanda-t-il, sans pour autant l'inviter à entrer dans les bureaux ?

– Oui, mais j'aimerais autant que possible ne plus avoir à faire ce type de voyage, le tança-t-elle. J'aimerais beaucoup vous rencontrer ailleurs, mais pas à l'Office des brevets européens, d'autant que nous avons déjà fait annuler le brevet sur le neem. Maintenant, il s'agit du blé et je ne sais ce qui nous attend encore... »

L'épaisse enveloppe remise ce jour-là contenait tous les éléments accablant Monsanto et le brevet portant sur la variété indienne de blé appelée « Nap Hal ». La démarche soutenue par plusieurs associations écologistes aboutit une fois encore – au mois de septembre de la même année – à la révocation du brevet. Quelques jours plus tard, Vandana Shiva se rendit à Turin en Italie, pour un grand rassemblement du mouvement « Slow Food : Terra Madre ». Avant d'entamer son discours devant 5 000 paysans et activistes venus des quatre coins du monde, elle prit quelques minutes pour rendre compte des derniers événements, avec une jubilation contenue : « Je veux partager avec vous quelques bonnes nouvelles, annonça-t-elle. Nous avons gagné le troisième combat contre les pirates qui volent nos semences et notre connaissance, puis les revendiquent comme leurs inventions. Le riz basmati avait été volé, nous l'avons récupéré. Le neem avait été volé, nous l'avons récupéré. Et maintenant, le 26 septembre, l'Office européen des brevets annule la convention sur le blé n° EP 0445929 déposée par Monsanto et basée sur le vol d'une ancienne variété de blé indien pauvre en gluten. Chaque orateur ce soir a parlé d'un monde sans OGM, sans plante brevetée, ni vie brevetée. Un monde que nous créons ici. Je suis absolument confiante dans le fait que nous gagnerons, semence après semence, plante après plante, paysan après paysan, communauté après communauté. Et nous libérerons la Terre. Et nous gagnerons une liberté de nourriture ! » scanda-t-elle sous les ovations.

Dans le public, chacun pouvait imaginer le prix de telles défaites pour les semenciers. En revanche, nul ne connaissait les coups bas qu'ils infligeaient régulièrement à la femme rayonnante qui se tenait à la tribune. De même, seuls ses amis les plus proches auraient pu localiser le lieu où elle trouvait refuge pour baisser enfin la garde et panser ses blessures secrètes avec une discrétion et une simplicité toutes gandhiennes.

2004 2010

Les jugements

Le 22 janvier 2004, une voiture filait dans le crépuscule à travers la campagne du Kerala. Les trois passagers à son bord, chacun issu d'un continent différent, venaient pourtant ce jour-là du même endroit : la ville de Bombay où se tenait depuis quelques jours le Forum social international. Syndicats, mouvements paysans, associations de défense de l'environnement et autres ONG avaient réuni des milliers d'activistes. Occupant aussi bien les salles de conférences que les rues de la ville, tous entendaient prolonger le succès obtenu à Cancún où quelques mois plus tôt l'OMC avait subi la fronde de 22 pays émergents. Mais ce jour-là, Vandana Shiva, José Bové et l'écologiste canadienne Maude Barlow avaient quitté le forum. Ils avaient décidé de rejoindre le petit village de Plachimada, à plus de 1 000 kilomètres de Bombay où une grande manifestation était prévue le lendemain. Des habitants de toute la région attendaient leur arrivée. « Les gens avaient élevé de grands chapiteaux, se rappelle José Bové, mais la première chose qui m'a frappé en arrivant, c'était ce groupe de femmes assises là, qui faisaient un sit-in depuis deux ans, seulement abritées par une cabane dressée en face des grilles de l'usine Coca-Cola ! » s'étonne encore l'ex-leader de la Confédération paysanne. José Bové garde aussi en mémoire l'atmosphère de siège régnant dans le village et les slogans des manifestants : « Nous voulons de l'eau potable, pas du Coca-Cola ! » scandait la foule.

Fatigués de devoir parcourir des kilomètres à pied pour chercher de l'eau, désespérés par l'effondrement des rendements de leurs champs et minés par l'annonce régulière de nouvelles contaminations, les habitants du village n'avaient plus rien à perdre. Leur cercle s'était élargi aux communautés voisines, solidaires de la lutte, si bien que les trois écologistes trouvèrent face aux grilles de la firme une foule aussi dense que déterminée. « Nous ne cesserons pas de nous battre tant que l'usine ne sera pas définitivement fermée et la nappe phréatique reconstituée, et tant que les villageois n'auront pas été dédommagés », martelaient les militants locaux. Outre les difficultés liées à l'assèchement des puits, aux champs pollués et rendus infertiles, les agriculteurs rencontraient après deux ans de lutte un autre problème de taille : comment continuer à se mobiliser alors que le temps manquait pour réunir la nourriture nécessaire à leur survie ? Certes, toute la communauté participait au financement de la lutte, en donnant 10, 20 ou plus rarement 50 roupies[1]. « Avec cet argent nous achetions du riz et les jours de manifestation nous le cuisions dans de grandes gamelles, sous la hutte où avait lieu le sit-in », se souvient Rita, la bergère. Mais pouvaient-ils continuer à vivre ainsi en ajoutant aux journées de travaux agricoles des soirées de mobilisation ?

Vandana Shiva et ses deux amis occidentaux mirent bientôt leurs plans à exécution, non sans s'être concertés une dernière fois, avant d'entraîner la foule vers les grilles de Coca-Cola. Soucieuse de la sécurité de ses hôtes, Vandana tenait à les mettre en garde : « Il y a une règle que nous devons absolument respecter, leur dit-elle solennellement : rester ensemble. Nous partons ensemble et nous revenons ensemble, ajouta-t-elle, avant de prendre par le bras le Français et la Canadienne pour se mettre en marche. Après les deux années de privation, de combat et d'indifférence générale qu'ils venaient de subir, la tension des villageois était à son comble. Les manifestants savaient que ce jour-là, outre les deux activistes canadien et français venus avec Vandana, d'autres arrivaient, heure après heure. Parmi eux, l'Américain Ward Morehouse, connu pour avoir porté le flambeau des victimes de Bhopal hors de l'Inde, la Suédoise Inger Shörling, députée européenne et l'Anglais Steve Emmott, membre des Verts au Parlement européen. « C'est la première fois en Inde qu'un village aussi petit que Plachimada attire l'attention du monde entier », annonça Krishnan, un élu du Kerala, face aux journalistes qui l'interrogeaient en marge de la manifestation. « C'est la première fois qu'un village accueille des personnalités venues d'aussi loin pour dénoncer le comportement d'une multinationale », jubilait-il. Pour les habitants de Plachimada, cet événement était le moment ou jamais de faire entendre leur révolte.

Comme à chaque fois que les fermiers locaux se mobilisaient, des centaines de policiers s'étaient déployés autour de l'usine, défendant clairement l'intérêt de la firme américaine plutôt que celui de la population locale. Rita et Pradip en savaient quelque chose, eux qui avaient été battus puis jetés en prison deux ans auparavant. Pourtant, la bergère n'avait pas hésité à quitter son troupeau de chèvres et ses paisibles pâturages pour venir affronter la police. De son côté, Pradip se tenait dans les premiers rangs du cortège, nez à nez avec les policiers,

1 15, 30 ou 80 centimes d'euros.

le poing levé au cri de « Coca go back ! ». Mais contrairement aux manifestations précédentes, les policiers ne purent ni rouer de coups des villageois, ni les emprisonner. La présence des trois écologistes de renom, escortés par une nuée de journalistes, permit de fendre le barrage kaki que formaient les uniformes des policiers, sans coup férir. « Nous avons tous empoigné et secoué les grilles jusqu'à ce qu'un responsable de l'entreprise se présente », raconte José Bové. Bientôt, le manager de l'usine se risqua au-delà des grilles et s'adressa directement aux trois représentants écologistes en feignant d'ignorer le reste de la foule : « Chère madame Vandana Shiva, salua-t-il, et vous autres, délégués internationaux, je suis autorisé à vous faire entrer pour une audience », annonça le porte-parole comme s'il faisait une faveur à ses hôtes. « Retournez voir votre supérieur, le coupa aussitôt Vandana Shiva, et dites-lui que soit nous entrons avec un représentant des villageois, soit nous n'entrons pas », exigea-t-elle, cassant sciemment l'ambiance mielleuse qu'essayait d'instaurer son interlocuteur. « Nous sommes ici avec le représentant des villageois, nous avons été invités par les gens de Plachimada. Entrer sans l'un d'entre eux serait les insulter ! » lâcha Vandana Shiva. Tout aussi exaspérée par l'attitude du responsable de la firme, Maude Barlow essaya pourtant de faire preuve de diplomatie en s'adressant au manager : « Il s'agit seulement de laisser une personne de plus entrer », implora-t-elle. N'y tenant plus, Vandana Shiva reprit la parole pour exposer à ce représentant le fond de sa pensée, alors que toutes les caméras étaient braquées sur eux et qu'un lourd silence s'était abattu sur la foule : « Mais enfin de quel droit nous dites-vous ce que vous nous autorisez à faire, alors que la Haute Cour a ordonné l'arrêt du fonctionnement de l'usine et que vous êtes toujours là à continuer la production ! lança l'Indienne.

– Madame, je ne suis pas là pour débattre, mais pour dire…

– Dans ce cas, n'utilisez pas le mot "autoriser" ! » assena finalement la militante.

Après quelques minutes de réflexion, les responsables de l'usine cédèrent finalement à la demande des militants. Mais une fois seuls avec leurs visiteurs, ne reculant décidément devant rien, loin de la rumeur de la foule, ils les installèrent confortablement devant un diaporama vantant l'ambitieuse politique

Pages précédentes : *Un villageois fait sa toilette aux abords de Plachimada.*

environnementale de la firme et notamment ses actions en faveur des économies d'eau. Estomaqués par la rouerie de leurs interlocuteurs, les activistes n'en perdirent pas pour autant l'occasion d'affirmer haut et fort leur indignation : comment rester à ce point aveugles face aux études accablantes et sourds face à la détresse de la population ? N'entendaient-ils pas la clameur de ce village s'élever au-dessus du mur d'enceinte de l'usine, surmonté de plusieurs rangées de barbelés ? Comment pouvaient-ils ignorer le cauchemar que vivaient ces fermiers privés d'eau et de récoltes, dont les femmes et les enfants s'empoisonnaient ? Une fois la discussion terminée, les délégués rejoignirent la foule et partagèrent leur déception, sans que leur compte rendu surprenne personne.

Pourtant, le déni de Coca-Cola attisa encore la colère des manifestants : plus le temps passait, plus les slogans, les démonstrations de force et les discours redoublaient de ferveur. « Je suis un fermier et je vous apporte le soutien de tous les fermiers du monde, haranguait José Bové. Ils luttent eux aussi contre les entreprises qui privatisent l'eau et les ressources. Sans eau, la vie est impossible et la culture est impossible. Quand l'Inde était occupée par les Anglais, Gandhi leur disait : “Quittez le pays !”. Aujourd'hui, nous voulons tous dire : “Coca-cola, quittez l'Inde ! Pepsi, quittez l'Inde ! Monsanto, Suez et les autres, quittez l'Inde !” » martelait le leader français. « Je suis venue du Canada pour vous soutenir contre Coca-Cola, commença à son tour Maude Barlow. L'enjeu de cette lutte est de montrer que l'eau appartient au peuple. Nous exhortons Coca-Cola à fermer cette usine pour de bon et rapidement », scanda-t-elle avant d'expliquer que les multinationales essaient de contrôler l'eau pour contrôler le monde – l'une des thèses du livre qu'elle préparait alors[2]. Certains verraient dans ces prises de parole des imprécations gratuites et sans conséquence, mais, Vandana Shiva le savait bien, le soutien d'activistes occidentaux était un élément décisif à ce moment précis du conflit : tout l'état du Kerala et une bonne partie de l'Inde boycottaient depuis plusieurs mois déjà la boisson à l'étiquette rouge, faisant baisser drastiquement les ventes et grimper la popularité du conflit dans le monde entier, y compris aux États-Unis, terre natale de Coca-Cola. Les reportages télévisés diffusés à travers le pays montraient des villages entiers défiant Coca-Cola et lui opposant les vertus de la boisson locale la plus

2 *L'Or bleu : l'eau, nouvel enjeu stratégique et commercial,* éditions Boréal, 2005.

chère aux habitants du Kerala, la plus écologique et la plus nutritive qui soit : le lait des noix de coco. Ce breuvage était aussi apprécié dans les campagnes que dans les villes où des milliers de cyclistes tenaient leur guidon d'une main et une noix de l'autre, aspirant son jus à la paille. Les autorités pouvaient-elles ignorer l'opinion de ces millions de citoyens et laisser l'usine continuer à tourner malgré la décision de la Haute Cour du Kerala ? La question était sur toutes les lèvres quand les manifestants se séparèrent, quittant les rues de Plachimada longtemps après la tombée de la nuit. Une chose était certaine, le gouvernement de cet état connu dans tout le sous-continent pour la vivacité de sa démocratie ne comptait pas abandonner ses administrés.

Dès le lendemain, les grands journaux indiens apportèrent leur soutien aux manifestants, qualifiant d'« événement clé pour les habitants du village, mais aussi pour toutes les communautés environnantes » le rassemblement de Plachimada. La réaction des autorités ne se fit pas attendre : trois semaines seulement après la manifestation, le 17 février 2004, le chef du gouvernement annonça lui-même la nouvelle que les villageois attendaient depuis deux ans. Il décida de faire appliquer la décision de la Haute Cour du Kerala et ordonna la fermeture de l'usine avant trente jours. Le 9 mars, les chaînes de production s'immobilisèrent pour ne plus jamais redémarrer. Ce jour-là, nombreux furent les Indiens à s'identifier à ces quelques fermiers illettrés qui avaient finalement fait respecter leurs droits. « Cette victoire, les villageois la doivent avant tout à leur propre détermination, tient à préciser Vandana Shiva : Cette lutte a commencé par la mobilisation d'une poignée de paysannes. Leur motivation a provoqué un mouvement d'une telle ampleur qu'elles ont gagné leur combat contre une firme aussi puissante que Coca-Cola, jubile aujourd'hui encore la militante. Cela prouve que c'est possible. Certes, on ne parlera jamais de ces confrontations dans des journaux tels que le *Financial Times* ou le *Herald Tribune*, mais cela nous importe peu, car notre avenir est entre nos propres mains », conclut-elle.

Dans les venelles poussiéreuses du village, Rita, Pradip et Murali l'aubergiste, comme les autres héros anonymes de cette lutte, hésitaient entre laisser éclater leur joie et pleurer sur leur sort. Ce succès avait un goût amer : « Cette décision ne compensait pas nos pertes durant ces deux années, explique aujourd'hui Pradip, ni même les dommages sur l'environnement qui allaient mettre des lustres à disparaître. » Pour autant, à Plachimada nul n'ignorait la portée du combat des villageois : des activistes arrivant de tout le pays venaient prendre exemple sur cette lutte. D'autres protestations contre des usines Coca-Cola et Pepsi grondaient à Jaipur, la capitale du Rajasthan, à Mehdiganj, près de Vârânasî, à Singhchancher, dans l'Uttar Pradesh et dans beaucoup d'autres régions encore. Exactement un an plus tard, le 20 janvier 2005, en écho au rassemblement de Plachimada, des chaînes humaines se formèrent autour d'une quarantaine d'usines Coca-Cola et Pepsi, à l'initiative de Vandana Shiva et de ses amis activistes. Au total, près de 100 000 manifestants s'étaient réunis pour dénoncer les méfaits de la multinationale et de ses 87 usines. Les militants exhortèrent Coca à quitter l'Inde. La Déclaration de Plachimada, rédigée l'année précédente par les villageois, circulait de main en main, appelant à la protestation : « L'eau est la source de la vie. Elle est un don de la nature et appartient à tous les êtres humains. Toutes les tentatives de privatiser et commercialiser l'eau, quelles qu'elles soient, sont des actes criminels auxquels nous devons résister. Seul ce refus permettra de protéger l'accès à l'eau, un droit fondamental et inaliénable pour les peuples du monde entier. »

Une trêve

Comme ces navigateurs au long cours qui décident un jour de rompre leur contact avec la terre, Vandana Shiva vient elle aussi de disparaître du GPS des journalistes, activistes et de ses collaborateurs. Habituellement, ce petit point lumineux qui passe d'un continent à l'autre dans un mouvement perpétuel ne cesse jamais de clignoter, signalant régulièrement sa position en quelques caractères sibyllins sur Twitter[3]. « Cinq fermiers indiens viennent d'être tués par la police. Ils résistaient à une expropriation en vue de construire l'autoroute entre Delhi et Agra. L'entreprise en cause a par le passé déjà exproprié 100 000 personnes pour la construction du barrage Tehri » dit l'un de ces messages courts. « Je suis au Bhoutan pour accompagner le gouvernement qui souhaite que le pays devienne 100 % bio », annonce un autre *tweet*[4]. Enchaînant les plateaux de télévision, les interventions dans des documentaires pour des publics de tous pays[5], y compris au cinéma, écumant les grands rassemblements de protestations, se rendant au chevet de petites communautés, de gouvernements ou d'agences internationales en quête de conseils, Vandana Shiva semble tenir aujourd'hui une prise de parole continue dont seul le support change. « Elle ne prend ni vacances, ni congés pour se détendre, affirme Riitha Balsabar, l'une de ses plus proches collaboratrices. Un jour je lui ai demandé comment elle faisait pour se remettre de ses vols internationaux et des décalages horaires, mais surtout comment elle trouvait le temps d'écrire autant de livres. Elle m'a expliqué que dans l'avion, le plus souvent, elle ne dort pas, mais elle écrit », rapporte cette femme qui accompagne le développement de Navdanya à travers toute l'Inde. « Nous sommes trois à être très souvent en contact avec elle et nous de-

3 Outil qui permet d'envoyer de brefs messages, appelés *tweets*.
4 Message de 140 signes maximum que l'on envoie gratuitement sur Internet via une messagerie instantanée ou par SMS. Ils alimentent les réseaux sociaux et peuvent se révéler de véritables signaux d'alerte, pour les journalistes notamment.
5 Notamment plusieurs films et reportages en français dont *Solutions locales pour un désordre global* de Coline Serreau en 2010 et *Le Monde selon Monsanto* de Marie Monique Robin en 2008.

vons faire très attention quand nous l'appelons afin de ne pas la réveiller ou encore de ne pas la déranger en pleine conférence », témoigne-t-elle. Mais pour l'heure, la philosophe indienne est injoignable et nul ne sait – en dehors de ses proches – où elle se trouve.
Qui blâmerait cette femme de prendre le large ? Comment cette fille de famille gandhienne, imprégnée de non-violence, supporte-t-elle que sa vie tout entière soit devenue un combat ? Cette bataille n'a pas seulement lieu sur les plateaux de télévision, mais aussi dans sa vie privée : « Quand j'ai soulevé des accusations contre Monsanto en 1998 j'ai reçu beaucoup beaucoup de menaces téléphoniques, raconte-t-elle. J'ai alors fait des copies des éléments du dossier et je les ai entreposées dans dix endroits différents, confie Vandana. S'ils m'avaient agressée, au moins les éléments d'accusation n'en auraient pas souffert », explique-t-elle aujourd'hui, avec le sourire d'une mère protégeant ses petits. Derrière cette prévenance pudique se cache pourtant une fatigue passée sous silence par la militante, mais qui surgit régulièrement sous la forme d'une onde de douleur parcourant son dos. Forcée d'en tenir compte et de déposer les armes périodiquement, Vandana, lorsqu'elle est à bout de force, monte à l'arrière d'une voiture et disparaît. À part Mira et Kuldip, la sœur et le frère de Vandana qui constituent ses véritables piliers affectifs, et quelques fidèles, seule une personne connaît l'ultime refuge de Vandana : Sudha Asokan. Remontant la rue B-5 du quartier Safdarjung à New Delhi, c'est précisément chez cette femme que la militante indienne se dirige lorsque la souffrance prend finalement le dessus. Seule, Vandana pénètre au numéro 100 d'un immeuble anonyme où elle passe 14 jours. Sourire aux lèvres, plusieurs femmes l'attendent là dont une sait exactement ce dont la militante à besoin : « Pizhichil », prononce-t-elle bientôt, avant que l'activiste ne s'isole pour ôter le sari, le jupon et le corsage dont elle est vêtue. Bientôt, Vandana Shiva sent l'huile chaude couler sur son dos, puis envelopper chaque centimètre carré de sa peau. Allongée sur un drap, la joue posée sur une serviette, elle ferme les yeux et baisse enfin la garde. Loin des regards, elle s'abandonne aux mains de son médecin ayurvédique, le docteur Sudha Asokan, et de ses assistantes, alternant massages et repos.

Deux ou trois fois par an, Vandana Shiva rejoint en catimini ce havre discret pour une durée plus ou moins longue selon son état : « Elle souffre de douleurs de dos, révèle son médecin, d'autant plus qu'une de ses vertèbres est déplacée. Vous rendez-vous compte de la vie que mène cette femme qui passe son temps entre les transports, les décalages horaires et son travail acharné ? Tout son stress s'accumule et vient se concentrer dans sa colonne vertébrale, explique-t-elle. Tous les nerfs de son dos se contractent progressivement et empêchent finalement le sang de s'acheminer correctement jusqu'au cerveau qui n'est plus irrigué comme il faut. Je pratique avec Vandana un traitement appelé « Pizhichil » : des pièces de cotonnade sont trempées dans un bain d'huile de sésame mélangée à des herbes médicinales, puis pressées au-dessus du corps au cours du massage », détaille le médecin.
Ce point de tension, seule douleur suffisamment forte pour contraindre Vandana Shiva à un repli stratégique, signe aussi le talon d'Achille de cette redoutable combattante : elle a décidé de ne négliger aucun des fronts de la guerre permanente qu'elle mène contre les multinationales et la globalisation. De ne laisser de côté aucun de ceux qu'elle s'est un jour engagée à aider, au mépris de sa santé. « Souvent, on ne sait même pas où elle se trouve tellement elle bouge », avoue Riitha Balsabar qui peinerait elle-même à lister tous les engagements auxquels répond la philosophe indienne : a-t-elle rejoint la quarantaine de membres du Conseil pour l'avenir du monde[6] dont elle fait partie, dans l'un des bureaux de l'organisation à Londres, Hambourg ou Washington ? Se trouve-t-elle à la tête d'un cortège de manifestants à Cancún, Gênes ou Copenhague ? Répond-elle au feu des questions d'une journaliste de CNN ? Est-elle en pleine conversation avec Danielle Mitterrand dans les couloirs de l'UNESCO à Paris ?

6 Ce groupe de personnalités choisies pour leur éthique et leur renommée a pour but de stimuler le changement en proposant aux décideurs des solutions efficaces pour la protection de l'environnement ou la paix.

Pages précédentes : *Accueil du centre de médecine ayurvédique fondé par Sudha Asokan, à Delhi.*

« Aujourd'hui, elle est beaucoup plus populaire à l'étranger qu'en Inde », admet sa collaboratrice Riitha Balsabar qui raconte en guise de preuve cette journée de 2007 en plein Rome. Un groupe d'écoliers s'immobilise au beau milieu du trafic pour aborder l'Indienne en sari. L'hôte italienne de Vandana joue les interprètes pour les jeunes italiens et organise une photo de groupe au débotté. Les enfants repartent radieux en direction du Colisée. Celle à qui le *Times* décernait en 2003 le titre de « héros de l'environnement » ne boude pas son plaisir face à cette notoriété mondiale. Mais pendant ce temps, que deviennent les paysans indiens qui se battent au quotidien pour survivre ? Le mode de vie de cette globe-trotter n'est-il pas aujourd'hui déconnecté des réalités du terrain ?

La marche des graines

Toujours vêtue d'un simple sari composé de *khadi*, d'une paire de nu-pieds en cuir, et coiffée d'un chignon piqué d'une chaînette en argent, jamais maquillée, mais plaçant chaque matin un énorme bindi en feutre rouge au milieu de son front, l'écologiste internationale, à l'aube de ses 60 ans, n'a fait aucune concession aux coutumes occidentales. Ceux qui essaient subrepticement de modifier le style de Vandana Shiva n'obtiennent rien de plus que Maya, Raju et ses autres camarades de faculté, lorsqu'elles raillaient son immuable sari. Lors d'une rencontre à Bratislava, une tablée entière de gentlemen qui évoquaient le féminisme avec Vandana Shiva se sont tous retrouvés eux-mêmes affublés du fameux point rouge au milieu du front jusqu'à la fin de la rencontre : la militante avait fait le tour de la table pour en coller un à chacun. Cette Indienne a l'intention de changer le monde plutôt que d'adopter elle-même les codes d'une culture mondialisée et finalement impersonnelle.
Derrière ce point rouge, derrière ce large front, l'esprit de la native de Dehradun a aussi peu changé que sa parure. Son indépendance découle directement de son identité spirituelle et religieuse. Le bain cosmopolite de Vandana Shiva n'a jamais fait d'elle un personnage évoluant « hors sol », tant elle entend maintenir un équilibre juste entre combats pla-

Elle entend maintenir un équilibre juste entre combats planétaires et luttes locales.

nétaires et luttes locales. « Je me préserve du déracinement de deux manières : en prenant des responsabilités dans le travail local et en participant aux tâches de ma communauté, Navdanya. Autrement dit, si on m'invite quelque part en Inde pour prendre la parole, j'y vais et si quelqu'un souhaite démarrer une banque de graines et me demande de venir pour l'aider, je vais y aller aussi, affirme-t-elle. Je ne fais pas cela tout le temps, mais suffisamment pour maintenir ces engagements bien présents dans mes pensées. Je passe certes beaucoup de temps dans les avions et les aéroports, admet Vandana Shiva, mais je suis imperméable à ces atmosphères : elles ne restent pas dans mon esprit. J'ai la chance d'avoir une famille et un groupe d'associés très proches et très présents. Leur bonne santé, leur bien-être est sous ma responsabilité et si l'enfant de l'un d'entre eux est malade, pour le coup cela occupe une place importante dans mon esprit. Ces compagnons de lutte, et tout spécialement le noyau de Navdanya, qui est avec moi depuis très très longtemps, sont pour moi comme une extension de ma famille. Ils sont vraiment comme une seconde famille », déclare-t-elle. Cet attachement à la vie familiale et communautaire transparaît dans le travail de Vandana Shiva, toujours très collectif et participatif, mais aussi à travers ses écrits. Dans son livre *Écoféminisme*, elle observe avec une certaine amertume la déliquescence du lien social dont souffre un monde obnubilé par l'individualisme : « Le développement [...] a entraîné la transformation des communautés organiques en groupes d'individus déracinés et aliénés, à la recherche d'identités abstraites », décrit-elle.

Son attachement à sa famille et ses amis ne l'ont néanmoins pas empêchée de partir seule pour de longues marches. Depuis lors, ces périples dans les campagnes indiennes n'ont jamais cessé, mais se sont transformés en de véritables pèlerinages drainant des dizaines de milliers de paysans. En 2006, elle prend la tête d'une « Marche des graines » organisée par Navdanya et qui traverse symboliquement les états les plus touchés par la vague de suicides de paysans qui s'abat sur le pays (le Maharashtra, le Karnataka et l'Andhra Pradesh). Les statistiques gouvernementales montrent qu'en 13 ans 200 000 fermiers se sont donné la mort à travers la péninsule indienne. « Ce drame est le résultat d'une politique délibérée de l'OMC et de la Banque mondiale* suivie par notre gouvernement, assène Vandana Shiva. Cette politique a pour but de faire disparaître les petits paysans afin qu'ils laissent place à une agriculture industrielle à grande échelle », explique l'activiste, qui attribue directement les suicides au surendettement de paysans forcés d'acheter d'autres graines que les leurs, y compris génétiquement modifiées.

Mais au cours de cette « Marche des graines » organisée par Navdanya, Vandana Shiva dénonce plus précisément encore les pratiques commerciales déloyales qui conduisent les agriculteurs au surendettement et au désespoir. Elle attaque surtout les multinationales qui abusent de la crédulité de paysans très souvent illettrés, ignorant les techniques publicitaires. « Les entreprises comme Monsanto font circuler des camions-vidéo, qui projettent des films dans les villages, décrit-elle. Ils n'hésitent pas à utiliser nos dieux dans leurs argumentaires : Guru Nanak, le Saint de la religion sikh, pour vendre leurs produits dans le Pendjab, Hanuman en Inde du Sud et d'autres encore. Les fermiers croient tout bonnement ce qui leur est dit, car ils ne connaissent pas ce type de pratiques, s'émeut la militante. Ils pensent vraiment que telle ou telle graine est miraculeuse. » Le pèlerinage de Navdanya est suivi par plusieurs véhicules à la fois chargés de graines à distribuer, et destinés à recevoir les dons des dizaines et parfois des centaines de milliers de paysans qui viennent se joindre aux pèlerins.

Deux ans plus tard, en 2008, un cortège s'élance de nouveau, cette fois-ci à travers le Nord de l'Inde où les pèlerins décident de traverser sept états. Cette « Marche des graines » sur le thème de « l'agriculture d'espoir » soulève une fois de plus un enthousiasme rappelant la ferveur des disciples de Gandhi prêts à le suivre partout, quel que soit l'effort à fournir : les pèlerins parcourent 4 000 kilomètres, font étape dans 200 villages où 4 200 kilos de graines – 32 variétés différentes – sont distribués à plus de 50 000 fermiers... Vandana ne participe plus à l'intégralité de ces voyages, mais ne rate aucune occasion de convertir de nouveaux fermiers aux

bienfaits de l'agriculture biologique et à la protection des graines. Le moindre chapiteau tendu en pleine campagne, la moindre salle municipale est pour elle une chance supplémentaire de sauver quelques paysans des griffes des semenciers. Devant chaque micro dressé, l'activiste fait appel à toute l'éloquence dont elle est capable pour marteler les grands principes d'une « démocratie de la terre » qui vise à rendre aux fermiers leur autosuffisance et finalement leur liberté.
Comme si ces marches ne devaient jamais cesser et toujours s'attaquer à des itinéraires plus difficiles, l'année suivante, une caravane prend une fois de plus le départ depuis la ville de Dehradun, non loin de la banque de graines de Navdanya et part en direction du Ladakh (province du Jammu et Cachemire). Au fil du voyage, à Dharamsala, Manali ou encore Keylong, les participants ont choisi d'alerter leurs concitoyens sur les dangers du dérèglement climatique. Les pèlerins récoltent le long de leur itinéraire les nombreuses preuves locales du réchauffement : les pommes qui poussent à 2 000 mètres d'altitude plutôt qu'à 1 000, les semailles avancées d'un mois, la météo devenue chaotique, etc. Le périple se termine dans la ville de Leh (3 500 mètres d'altitude), capitale du Ladakh, véritable désert d'altitude aussi appelé « petit Tibet ». En arrivant dans cette ville, les membres de Navdanya s'alarment, études à l'appui, de la recrudescence d'inondations brutales détruisant parfois des villages entiers. Ironie du sort, exactement onze mois plus tard, un orage sans précédent se déchaîne sur le Ladakh et le Pakistan voisin. Des pluies diluviennes emportent des pans entiers de montagne et provoquent les inondations qui se transforment bientôt en torrents de boue. Routes, ponts, voitures, habitations et réseaux électriques sont détruits par le déluge et provoquent la mort de plus de 180 personnes dans cette province du Nord de l'Inde.
Comment faire prendre conscience aux responsables politiques du lien entre la course effrénée aux matières premières et le dérèglement du climat ? Faut-il que de tels drames surviennent pour les alerter et pous-

Pages précédentes : *Habitants de Padum, village situé dans la haute vallée du Zanskar.*

ser la protection de l'environnement en tête de leurs préoccupations ? Lorsqu'elle doit frapper fort, Vandana Shiva utilise un outil plus offensif que la pédagogie par l'exemple de Navdanya, plus local et précis que les forums internationaux, et plus accusateur que les marches de paysans : un tribunal citoyen indépendant. Une arme justifiée lorsque l'on découvre par exemple, preuves à l'appui, que l'industrie extractive reçoit l'appui de l'armée pour déplacer les populations tribales, dans le secret des jungles reculées de l'Orissa ou du Jharkand.

« J'ai d'abord été capturé... »

« Mesdames et messieurs les journalistes, le tribunal vous demande à présent de baisser vos caméras et vos appareils photo et d'orienter vos objectifs vers le sol. Le témoin qui va prendre la parole souhaite absolument garder l'anonymat afin de garantir sa sécurité, celle de sa famille et de ses amis ». La scène a lieu dans la salle principale du Constitution Club de Delhi, à un jet de pierre du Parlement indien. En ce 10 avril 2010, une chaleur inhabituelle écrase les rues de la ville. Malgré les stores baissés et la climatisation, une atmosphère lourde pèse sur l'assemblée. Les quelque 200 places assises sont toutes occupées, si bien qu'une partie du public se tient debout – parfois depuis des heures – littéralement aimanté par les témoignages qui s'enchaînent face à une salle bondée. Si les précédents intervenants ne tenaient pas à masquer leur identité, l'homme qui se présente au micro souhaite rester anonyme. La batterie de caméras occupant le fond de la salle se baisse dans un même mouvement.
Depuis deux jours se tient ici le « Tribunal citoyen indépendant ». Les affiches qui annoncent l'événement sous-titrent : « Le procès de l'appropriation des terres, du pillage des ressources et de l'opération Chasse verte ». Dans la veine du Tribunal citoyen contre l'OMC et le FMI, à Berlin en 1988, au cours duquel Vandana Shiva avait tenu le rôle du défenseur de la nature, ce « procès » est créé de toutes pièces par la société civile. Cette mise en scène sans conséquence judiciaire réunit tous les acteurs d'un tribunal classique, afin d'attirer l'attention de la classe politique, des

Une fois la voie libre, l'industrie investit les lieux et pille les ressources des régions les plus préservées du sous-continent.

citoyens et des médias. Les audiences offrent donc un lieu d'expression à des personnes qui en sont privées[7]. C'est le cas des populations tribales indiennes qui témoignent ici face aux magistrats et autres personnalités politiques qui ont accepté de composer un jury symbolique. Les villageois qui se succèdent à la barre ont tous pour point commun d'habiter des régions isolées, mais très riches en ressources naturelles. Depuis plusieurs années, ces minorités ethniques subissent des déplacements de population opérés par la police et les paramilitaires[8]. Une fois la voie libre, l'industrie investit les lieux et pille les ressources des régions les plus préservées du sous-continent. Ce procès organisé par Navdanya et d'autres associations vise à démontrer la situation désespérée des populations tribales qui habitent précisément ces zones « réservoirs de biodiversité ».

Les organisateurs dénoncent en particulier « l'opération Chasse verte » en cours. Ce nom désigne une vaste action des forces de l'ordre déclenchée en novembre 2009 contre les maoïstes. Officiellement, le déploiement de 70 000 hommes dans les forêts indiennes vise à soumettre ces rebelles particulièrement bien implantés dans une zone appelée le « corridor rouge » traversant cinq provinces. Dans ces régions, les maoïstes se battent aux côtés des populations tribales, des paysans sans terres et autres « basses castes ». Sans eux, les revendications sociales et écologiques de ces « sans voix » sont le plus souvent réduites au silence. Ces combattants communistes ont créé une véritable administration parallèle avec ses impôts, ses écoles, ses tribunaux et ses bataillons qui compteraient au total entre 10 000 et 20 000 rebelles. Autant d'éléments qui, s'ils inquiètent le pouvoir central, représentent aussi un prétexte inespéré pour effacer de la carte des villages entiers dont l'emplacement

7 Outre le Tribunal citoyen contre l'OMC à Berlin, de multiples exemples existent, tels que le Tribunal international de la dette à Porto Alegre (2002), celui contre la Banque mondiale en Inde (2007), ou sous une autre forme, le film *Bamako*, d'Abderrahmane Sissako (2006).
8 Force de police au service du gouvernement indien.

inopportun barre l'accès à d'importantes ressources naturelles : ces communautés déshéritées, qui vivent loin du regard des médias, habitent en effet des terres dotées de richesses considérables, depuis les tréfonds de la terre (minerais) jusqu'à la canopée de ces contrées foisonnantes de biodiversité. Pour faire place nette avant l'arrivée des bulldozers de l'industrie extractive, les paramilitaires envoyés par l'État indien ont recours à tous les moyens possibles pour mettre à genou les populations locales, qu'elles appartiennent ou non aux troupes maoïstes.

« J'ai d'abord été capturé puis battu sous prétexte que j'étais un sympathisant maoïste, raconte le témoin, les épaules rentrées, visiblement pétrifié par le silence de cette salle suspendue à ses lèvres. Je leur ai dit que j'étais un représentant du village et que je n'avais rien à voir avec les maoïstes, mais ils continuaient à me frapper tout en m'accusant de cacher des armes et des munitions. À force de me battre, ils m'ont fait craquer et j'ai inventé des aveux simplement pour que les coups cessent de pleuvoir. “Où sont les armes ? Où sont les bombes ?” me demandaient-ils. Ils m'ont enfermé et pendant un mois, ils sont venus me frapper tous les jours et me harceler de questions. Lorsque les villageois se sont présentés pour demander de mes nouvelles, ils leur ont fait croire que je voulais rejoindre leurs rangs et devenir leur informateur. Quant à moi, ils me disaient chaque jour que je serais probablement tué le lendemain si je ne livrais pas d'informations. Puis ils ont fini par me relâcher », termine le témoin, le regard vague, vidé de ses forces.

Détentions arbitraires, tortures, pillages, viols, maisons brûlées : les discours décrivent de manière troublante un même scénario, bien que les témoins arrivent de régions parfois éloignées de milliers de kilomètres les unes des autres. Certains racontent le survol régulier d'un hélicoptère jouant à effrayer les villageois en leur tirant dessus. D'autres ont été rackettés pour récupérer la dépouille d'un membre de leur famille tué par les paramilitaires. Tous entament leurs témoignages avec pudeur, impressionnés et parfois paralysés par la solennité des lieux et le public nombreux. Puis une fois lancés dans cette confession libératrice, une digue intérieure semble céder, laissant s'échapper un flot de souffrance ininterrompu. Assise au premier rang, Vandana Shiva prend des notes au stylo sur un grand cahier et ne perd pas un mot de chaque intervention. Tel un metteur en scène dont le travail prend fin avant le lever de rideau, la militante peut apprécier, assise dans son fauteuil, la mécanique bien huilée de cette action de sensibilisation sur le sort des populations tribales. Pour s'être battue sur le terrain au fil des années avec ces minorités contre des projets de carrières, de barrages et contre l'emprise des semenciers, l'écologiste connaît bien le cadre de vie des témoins.

Aussi à l'aise sur la terre battue d'une simple hutte au milieu de la jungle, que sur les dalles de marbre du Constitution club et dans les arcanes de la haute société, l'Indienne a su rassembler en ce mois d'avril 2010 les ingrédients pour que les journalistes – quelle que soit leur nationalité et leur bord politique – se donnent tous rendez-vous au Tribunal citoyen indépendant. Assise à la gauche de Vandana, la silhouette fine d'une femme occidentale au port altier se penche de temps en temps pour chuchoter à l'oreille de l'écologiste indienne. Lauréate du prix Nobel alternatif et de nombreuses reconnaissances pour son combat en faveur des droits de l'homme et de la protection de l'environnement, Bianca Jagger reste pourtant plus connue pour sa « vie antérieure ». Cette ancienne actrice et mannequin était autrefois la femme du chanteur des Rolling Stones. Mais c'est sur la droite de Vandana que l'assistance porte régulièrement son regard à la dérobée, comme pour vérifier que la femme drapée d'un sari aussi discret que raffiné, les cheveux sobrement attachés, est bien l'écrivaine indienne Arundhati Roy, auteure du best-seller *Le Dieu des Petits Riens*. Si ce livre a fait d'elle une icône littéraire internationale, les essais de cette infatigable « écrivaine militante » sont malheureusement inconnus du grand public. Leurs titres suffisent pour comprendre que ses pas ont régulièrement rencontré ceux de Vandana Shiva : *La Fin de l'imagination* s'élève contre les essais nucléaires en Inde, *Le Plus Grand Bien commun* contre les projets de barrages pharaoniques et *La Réincarnation de Rumpelstiltskin*[9] dénonce la privatisation de l'eau.

9 Traduction de l'auteur à partir des titres originaux : *End of Imagination,* D.C. Books, 1998 ; *The Greater Common Good*, India Book Distributor (Bombay) Ltd, 1999 ; *The Reincarnation of Rumpelstiltskin,* D.C. Books, 2001.

Pendant le déroulement du Tribunal citoyen indépendant, Vandana Shiva alimente le site Internet de son association et communique auprès des médias et des réseaux sociaux.

Alors que l'écrivaine s'apprête à prendre la parole à la fin de l'audience, l'assistance sait que l'encre du tout dernier essai de madame Roy est à peine sèche : l'alliée de Vandana Shiva rentre juste d'une immersion risquée dans les circonscriptions interdites où les populations tribales sont les plus touchées par la guérilla. Elle s'est glissée dans les rangs des troupes maoïstes, avant d'arpenter la forêt vierge en leur compagnie pendant des semaines entières.

Infiltrée chez les maoïstes

« La note sommaire tapée à la machine glissée sous ma porte dans une enveloppe scellée a confirmé mon rendez-vous avec la Plus Grande Menace pour la Sécurité intérieure de l'Inde[10]. Cela faisait des mois que j'attendais d'avoir de leurs nouvelles. Je devais me trouver au temple Ma Danteshwari de Dantewara, dans l'état du Chattisgarh, à n'importe lequel des quatre moments indiqués, sur deux jours. [...] La note disait : "L'écrivain devra avoir un appareil photo, un *tilak*[11] et une noix de coco. La personne à rencontrer aura une casquette, le magazine *Hindi Outlook* et des bananes. Mot de passe : *Namashkar Guruji*[12]." » Ainsi, commence l'essai *Ma marche avec les camarades*, publié deux semaines seulement avant l'ouverture du procès. Vandana Shiva et Arundhati Roy n'ont certes pas la même plume : la première martèle d'implacables démonstrations quand la seconde fait jaillir la vérité à travers la description d'un geste banal, d'un objet insignifiant ou d'un paysage. L'élégance raffinée de l'égérie littéraire tranche également avec la sobriété presque rustique de la philosophe. Pourtant, derrière ces personnalités différentes se cache un point commun aussi solide que le calcaire de l'Uttarkand : la conviction profonde que le modèle de développement économique actuel doit à tout prix être abandonné afin

10 Allusion à la déclaration du Premier ministre Manmohan Singh, désignant l'insurrection maoïste comme « la plus grande menace » que connaissait l'Inde.
11 Marque sur le front des hindous.
12 Salutation respectueuse qui pourrait être traduite par « Bonjour cher maître ».

de changer de paradigme. Comme Vandana Shiva, Arundhati Roy fait partie des piliers les plus solides du mouvement antimondialisation. Mais les deux femmes se retrouvent plus encore autour du principe de la lutte pacifiste et non-violente.

Une fois à la tribune, face au jury, de sa voix haut perchée, mais dépourvue de puissance, l'écrivaine entame son récit : « Je viens de séjourner dans la forêt aux abords de Dantewara, au Gujarat. Les habitants m'ont raconté leur vie », commence-t-elle avant de se lancer dans le récit d'une descente aux enfers ; celle des populations tribales de la région. Arundhati Roy dénonce tout particulièrement les forfaits de la milice antiguérilla, armée par les pouvoirs publics, mais également financée par les grands propriétaires et les entreprises minières. Elle rapporte les multiples témoignages de viols, d'assassinats, de pillages, de villages incendiés, mais aussi l'expulsion de centaines de milliers de personnes à travers la région. Outre ces exactions spectaculaires, l'écrivaine a aussi ramené de son voyage le récit de ces « petits forfaits » si courants qu'ils deviennent invisibles pour la population locale. Dans son essai publié par le magazine indien *Outlook India*, elle décrit par exemple les méthodes d'une entreprise convoitant les ressources d'un territoire sur lequel – et duquel – vivent plusieurs tribus : « Le 12 octobre 2009, l'audience publique obligatoire pour l'aciérie Tata, censée se tenir à Lohandigua où les habitants locaux auraient pu aller, a en fait eu lieu dans une petite salle au siège du Trésor public de Jagdalpur, éloigné de plusieurs miles[13] et avec un cordon massif de sécurité, décrit Arundhati Roy. Un public de cinquante "tribaux[14]" recrutés et rétribués a été amené dans un convoi escorté de jeeps du gouvernement. Après la réunion, le percepteur du district a félicité "le peuple de Lohandigua" pour sa coopération. Les journaux locaux ont rapporté le mensonge, même s'ils savaient à quoi s'en tenir (les publicités ont afflué). Malgré les objections des villageois, les acquisitions de terres pour le projet ont commencé, rapporte-t-elle. Les maoïstes ne sont pas les seuls à chercher à renverser l'État indien. Il

---

13 Un mile équivaut à 1,6 kilomètre.
14 Personnes appartenant aux tribus de minorités ethniques.

a déjà été renversé plusieurs fois, par le fondamentalisme hindou et le totalitarisme économique[15] », conclut-elle.

À chaque interruption de séance, pendant les trois jours que dure ce Tribunal citoyen indépendant, Vandana Shiva, la porte de la salle d'audience à peine franchie, enchaîne presque sans transition une succession d'interviews : alors qu'elle répond aux questions d'une journaliste indienne, un couple de documentaristes hollandais fait le pied de grue à quelques mètres de là, tandis qu'une Polonaise, stylo en main, attend elle aussi son tour, et d'autres encore. Rompue à cette sollicitation médiatique permanente, elle a l'art de capter le regard de l'un pendant qu'elle en sème un autre ou l'éconduit d'un mot, aussi poliment que fermement, au gré de ses propres priorités. Mais les milliers d'interviews auxquelles l'activiste a répondu, sur tous les continents, n'ont rien affecté de son verbe tranchant et de ce geste franc si souvent répété pour dire « non ! » de la tête à ceux qui cherchent à contredire, voire seulement à nuancer ses propos. Qu'elle soit sous les rampes de luminaires d'un plateau sur CNN ou attablée en tête-à-tête avec un journaliste, la militante aligne ses revendications, ses preuves et ses idées avec précision et puissance. Ceux qui se fient à son sourire, à son expression débonnaire et à ses joues potelées ont bien souvent du fil à retordre. Vandana Shiva a horreur des badinages autant que des paroles inutiles et autres discours protocolaires. Son visage très expressif et mobile peut basculer d'un instant à l'autre du calme à la tempête.

Après trois jours d'audience, le Tribunal citoyen indépendant se conclut sans surprise sur une condamnation de l'opération Chasse verte et dénonce plus largement la collusion entre le gouvernement et l'industrie qui œuvrent de concert pour éliminer les populations gênant l'extraction des ressources. Plus tard, lorsque le personnel du Constitution club commence à empiler les chaises à la nuit tombée, alors que les membres du jury eux-mêmes sont rentrés chez eux et que les centaines de participants ont quitté les lieux depuis longtemps, deux femmes s'entretiennent encore sur le perron du bâtiment : « Arundhati, nous devons faire

15 Traduction du Secours Rouge de Belgique.

quelque chose de plus fort, agir plus fermement, il faut stopper ces exactions, c'est vraiment intolérable ! » s'emporte encore Vandana Shiva en couvrant ses épaules de son sari dans un geste machinal. Une fois à l'arrière de sa voiture qui s'engage déjà sur l'avenue Rafi Marg, elle demande au chauffeur de la ramener chez elle. La militante profite du voyage pour discuter avec sa sœur installée elle aussi sur la banquette arrière et qui a assisté à toutes les audiences. Mais finalement, après quelques minutes, Vandana se ravise et la voiture change de cap.

Destruction et renaissance

Le véhicule à peine rangé devant la porte du Centre international de l'Inde, Vandana entre dans le hall puis pénètre, suivie de sa sœur, dans un immense auditorium plongé dans l'obscurité où se déroule la projection d'un film. Les deux femmes se glissent le long du mur puis marchent courbées jusqu'aux toutes dernières places libres au premier rang. À l'écran apparaissent des paysannes montrant à la caméra le portrait de leur fils ou de leur mari tout en essuyant les larmes qui coulent sur leurs joues. Il ne s'agit malheureusement pas d'une fiction comme les Indiens en raffolent, mais bien d'un documentaire. « Mon mari s'est suicidé, explique une mère de famille entourée d'enfants aux regards tristes. Il a profité de mon absence un jour où j'étais dans mon village d'origine pour absorber un produit chimique », raconte-t-elle. Le film égraine sept témoignages qui ont donné son titre : *Moisson de souffrances*. Un autre paysan, Kashmir, avait une femme et cinq enfants, mais aussi 500 000 roupies de dette[16]. Il a fini par boire les pesticides qu'il utilisait dans ses champs. Dans un village voisin, Amar s'est lui aussi donné la mort : il croulait sous une dette de 300 000 roupies[17]... « Il ne se passe pas une semaine sans que la nouvelle d'un suicide de fermier ne nous parvienne », se désespère un élu du Panjab, cette région pourtant réputée comme étant

16 8 300 euros environ.
17 5 000 euros environ.

le grenier de l'Inde. Le point commun de ces destins dramatiques : tous avaient répondu aux sirènes de la Révolution verte, cette gigantesque propagande en faveur de l'agriculture intensive qui dure déjà depuis les années 1970. Tous ont cru le discours des firmes de l'agro-industrie, tant l'État s'en était fait le porte-parole et le promoteur. Tous se sont endettés pour acheter des graines prétendument performantes, des herbicides, pesticides et autres engrais de synthèse. Sur les 20 dernières années, on recense déjà 40 000 suicides de fermiers désespérés. Pourtant, rien ne change.

Baigné par un halo de lumière, le visage de Vandana Shiva est absorbé par ces paroles désespérées qui se mêlent au fleuve sombre des témoignages entendus toute la journée pendant le procès. Puis comme un reflet géant, son visage apparaît soudain à l'écran. L'écologiste qui a participé au documentaire décrypte le lien de cause à effet reliant cette vague de suicides à la Révolution verte et aux acteurs de l'agro-industrie. La détresse qui émane de ce film atteint son paroxysme lorsque le spectateur comprend que derrière le deuil, la frayeur qui assombrit le regard des veuves est celle de femmes qui viennent d'hériter du fardeau qui écrasait les épaules de leur époux. Certaines l'avouent : en réalité, elles ont plus de rancœur envers le défunt que de peine. Vont-elles subir le destin si répandu de celles abandonnées par leur mari, qui deviennent mendiantes sur les trottoirs des grandes villes indiennes ? Comment échapper à ce piège et sauver leurs enfants ? Comment rembourser les sommes astronomiques qu'elles doivent aux banques ou aux prêteurs sur gages ?

Une fois la projection terminée, les lumières se rallument et celle qui est entrée en catimini dans l'auditorium est invitée sur la scène pour prendre la parole et débattre avec le public aux côtés du réalisateur. Il est tard dans la soirée quand Vandana s'extirpe de l'attroupement qui s'est formé à la sortie de l'auditorium. Échappera-t-elle aussi facilement aux spectres des victimes qui ont jalonné sa journée ? Suffira-t-il de fermer les yeux pour oublier quelques heures durant ces plaintes insoutenables qui

Pages précédentes : *Les volontaires qui affluent notamment des États-Unis, attirés par l'action de Vandana Shiva, contribuent largement au fonctionnement de la ferme de Navdanya.*

finalement peuplent son quotidien ? Quel plaisir, quelle distraction peut être suffisamment fort pour évacuer ces scènes de torture, ces visages hagards et ses paysages dévastés ? Les loisirs sont quasi absents de la vie de Vandana Shiva. « Je lis tout le temps, objecte-t-elle, c'est vraiment une activité très importante pour moi. Je lis durant tous mes voyages et mes sacs sont toujours chargés de livres », affirme-t-elle avant d'avouer qu'elle n'apprécie guère les fictions : « Je trouve que la réalité est devenue tellement dramatique qu'elle dépasse de loin la fiction. Ce que nous avons entendu durant le Tribunal citoyen indépendant, aucun auteur ne peut l'écrire avec autant de vérité. Souvent je trouve les livres de fiction très triviaux et très ennuyeux », lâche-t-elle, finalement rattrapée par la réalité d'une vie qui, sans être morne, est indubitablement dépouillée, voire austère. À ceux qui veulent connaître le vrai péché mignon de cette femme, Vandana Shiva le confesse avec un sourire en coin, comme s'il s'agissait là de son vice secret : l'un de ses plaisirs les plus chers, c'est... de dormir ! « Mes amis de longue date le savent tous et m'ont tous vu un jour ou l'autre passer un temps infini à dormir », explique-t-elle. Pourtant, on peine à croire cet aveu d'une voyageuse qui enjambe les fuseaux horaires comme un sauteur de haies, sans fermer l'œil, pendant que ses voisins de cabine dorment à poings fermés. En réalité, ses addictions favorites se nomment travail, lutte et surtout victoires. Il suffit de voir son regard s'allumer lorsque cette pasionaria évoque la ferveur qu'elle a vue s'élever de la liesse de Copenhague : « Vous rendez-vous compte que 100 000 personnes ont manifesté ? demande-t-elle. Lors d'un meeting, dans le froid glacial du Danemark, je me suis adressée à cette foule. C'est un de mes souvenirs les plus forts, confie-t-elle. Nous étions tellement déterminés, tellement unis et tellement en phase à propos de ce que nous souhaitons faire. Ce sommet a officiellement été un échec, mais en réalité, il a été un succès pour le mouvement écologiste, affirme-t-elle avec conviction. Quelque chose a changé », déclare la militante en détachant chaque mot pour appuyer son propos. « À Copenhague, explique-t-elle, il ne s'agissait plus de demander aux gouvernements de prendre telle ou telle décision, mais de dire : "Voilà ce que nous allons faire nous-mêmes et ce que nous allons obliger les gouvernements à faire !" »

Pour autant, Vandana Shiva refuse absolument que sa position soit réduite à une vision optimiste, ou même pessimiste. « Pour ces questions-là, mon esprit est encore très influencé par la théorie quantique, révèle-t-elle. Cela signifie que je peux vivre agréablement dans l'incertitude. Les gens qui sont formés dans un mode de pensée mécanique vivent seulement dans une seule perspective : soit négative soit positive. Quant à moi, je perçois certes la capacité de destruction existante, ainsi que l'inertie du système actuel. Et je peux donc voir que peut-être cette dévastation ne va pas s'arrêter. C'est une éventualité, admet-elle. Mais je constate aussi le pouvoir grandissant des citoyens et la puissance du mouvement écologiste. De même, je n'oublie pas que nous avons obtenu des victoires, notamment contre l'OMC et contre l'agriculture industrielle », sourit Vandana Shiva.

Ses réponses en demi-teinte peuvent avoir – admettons-le – quelque chose d'horripilant pour un esprit occidental. Diable, ne peut-elle faire un choix entre optimisme et pessimisme et nous apporter une réponse claire ? Son esprit entremêle rigoureusement les parts sombres et lumineuses d'un même problème, semblant se dérober au moindre jugement cartésien, comme le poisson glissant entre les mains du pêcheur. Vandana Shiva fait partie de ces personnalités devenues suffisamment imperméables aux reconnaissances futiles pour évoluer « hors piste », en dehors de la société et de ses jugements. Cette liberté semble dédouaner Vandana Shiva de contraintes sociales qui empêcheraient certains de glacer l'ambiance harmonieuse d'un dîner en ville en disant haut et fort : « Non, c'est faux ! » Au fond d'elle-même, cette femme sait pourtant que malgré le creuset d'indépendance dans lequel elle a grandi, se dérobant au système des castes et des obédiences spirituelles ou religieuses, elle n'a pas échappé à son destin. « Il suffit de lire son nom pour le deviner, ce n'est pas sorcier », déclare l'une de ses proches qui voit comme la plupart des Indiens le nom à la fois comme un don des parents et comme un présage aussi sûr que neuf graines suffisent à prévoir les récoltes annuelles. En sanskrit, *Vandana* signifie « celui qui médite, qui prie ». À l'oreille de n'importe quel hindou, la rencontre de ce prénom – enveloppé de silence, de retenue et de pacifisme – avec l'image du dieu Shiva évoque un cataclysme. Brandissant d'une main un trident acéré et de l'autre une massue, il représente avant tout la destruction. Dominant ses émotions, il porte autour de son cou un cobra apprivoisé en guise de collier, symbole de la maîtrise des passions. Mais ce dieu qui tient une place privilégiée dans le paysage religieux indien ne détruit en réalité que pour reconstruire. La peau de tigre sur laquelle il est assis rappelle d'ailleurs le pouvoir de la nature. Shiva est celui par qui toutes les formes de vie renaissent. Les croyants, lorsqu'ils voient ce dieu à la peau laiteuse – considéré comme le patron des ascètes –, se rappellent que le progrès spirituel et la rédemption découlent du renoncement souvent douloureux à nos convictions : lorsque l'équilibre entre les forces du Bien et du Mal se rompt, Shiva est celui qui dissout l'univers afin d'en créer un nouveau. Selon les textes hindous qui décrivent l'histoire de l'univers « Shiva est le donneur de graines, Brahma est la semence et Vishnu la matrice universelle, la terre qui reçoit et fait fructifier le grain. »

Page suivante : *L'autonomie en eau des habitants de Plachimada dépend des puits où ils doivent se rendre quotidiennement pour remplir leurs jarres en plastique.*

Que sont-ils devenus ?

Les élèves de l'école de Duhai

Les cris de 3 000 jeunes filles emplissent aujourd'hui quotidiennement les bâtiments de cette école de l'Uttar Pradesh. Nul n'ignore dans ce village le comportement héroïque de Mukhtiar Singh, le grand-père de Vandana Shiva, qui mourût en 1956 d'une grève de la faim pour la création de cette école avant-gardiste réservée aux filles. Sunil Choudhary, l'actuel directeur de l'école, se souvient que la mère de Vandana, Jagbir Kaur Shiva, avait aussitôt repris le flambeau de cette lutte pourtant considérée alors comme une cause désespérée.

Murali l'aubergiste de Plachimada

Aussi fidèle à son gourou Narayan qu'à ses convictions, le tenancier du restaurant voisin de l'usine Coca-Cola a soutenu le combat des autres habitants de Plachimada, malgré la désapprobation de ses clients, tous salariés de l'usine. Ces ouvriers venus de villes lointaines séjournaient des semaines entières à Plachimada sans rentrer chez eux. Chacun avait ouvert un compte au restaurant et payait sa note mensuelle le 7 du mois. Le jour de la fermeture de l'usine, ils s'en furent tous, laissant 3 semaines de repas impayés, soit 80 000 roupies. « J'ai de grosses dettes et je ne sais pas comment je vais les rembourser, avoue Murali. Ma femme et moi ne gagnons plus que 400 roupies par mois et la banque a saisi la justice qui menace d'un prélèvement obligatoire de la quasi-totalité de mon revenu. Je vais donc prendre un autre prêt, mais cela va me coûter plus cher… », soupire-t-il sans pour autant effacer le sourire communicatif qui égaye son visage.

Rita la bergère

Chaque soir, comme si rien n'avait changé sous les cocotiers de Plachimada depuis l'assèchement des puits, les chèvres de Rita s'engouffrent habilement dans leur minuscule écurie. Mais le mur d'enceinte de l'usine à un jet de pierre de la maison est là pour rappeler à Rita que l'eau n'a jamais retrouvé ni sa pureté ni son niveau, même si la bergère constate une amélioration depuis la fermeture de l'usine. Rita se consacre donc toujours avec la même dévotion à la lutte de Plachimada, gardant en tête chacun des succès emportés sur la voie d'une victoire complète de plus en plus proche.

Pradip l'activiste du village

Le jeune père de famille observe toujours le niveau du barrage en contrebas de sa maison, et admet volontiers que depuis l'arrêt de l'usine, la situation a commencé à s'améliorer. Mais la population ne peut toujours pas utiliser l'eau comme auparavant et reste dépendante des camions-citernes. Pour Pradip, le combat doit se poursuivre tant que la multinationale n'aura pas réparé les dommages infligés au village. Cette position est désormais soutenue par le ministre de l'Eau du Kerala. Suite aux enquêtes des experts gouvernementaux, les autorités locales ont d'ailleurs réclamé en mars 2010 la somme de 47 millions de dollars en compensation notamment des pertes agricoles et de la pollution de l'eau. Cette information a été reproduite par la presse du monde entier, mais Coca-Cola persiste dans son déni : « Il n'a pas été démontré que nos activités ont été la cause des problèmes locaux d'eau », fait savoir un représentant de la firme d'Atlanta. Les paysans de Plachimada verront-ils un jour la couleur de cet argent ? Ce dédommagement suffira-t-il à rendre aux habitants leur joie de vivre ? À ce jour, une chose est sûre : la perspective d'un tel pécule crée la discorde entre les habitants de la région au point que la cabane sous laquelle Rita et ses sœurs de lutte continuent à faire la grève a été brûlée. Mais aussitôt reconstruite...

Mira Shiva

Cette femme médecin est devenue pour les laboratoires pharmaceutiques ce qu'est Vandana pour les semenciers : un inexpugnable poil à gratter. Elle défend la notion de santé communautaire qui met la médecine à la portée de tous, y compris des plus pauvres. Le Docteur Shiva refuse que les brevets rédigés par les pays riches, ou les prix qu'ils fixent pour les médicaments empêchent certaines populations de soigner des maladies graves. Des questions telles que la biopiraterie ou l'impact des OGM sur la santé conduisent souvent les deux sœurs à se retrouver côte à côte lors de manifestations, de conférences ou de congrès. Personne n'est aussi efficace pour faire sourire Vandana que cette épicurienne au tempérament blagueur et volubile.

Vandana Shiva

À l'aube de ses soixante ans, Vandana rêve de calmer la cadence de ses voyages, de passer plus de temps à la ferme, d'écrire et de se remettre à la sculpture, sans pour autant se bercer d'illusions : « Je ne pense pas arrêter totalement ce que je fais. Du reste, je ne considère pas cela comme un travail », avoue la militante avant de se laisser aller presque malgré elle à une prospective : « Je crois que d'ici cinq ou six ans, nous serons à la croisée des chemins. Soit des mouvements forts se dégagent, beaucoup de gens s'impliquent et du coup ils auront moins besoin de moi, soit cela reste faible et dans ce cas je ne pourrai pas faire grand-chose de plus, regrette-t-elle avant d'égrainer sans transition son programme des jours à venir : « Demain je pars voir Evo Morales en Bolivie, nous pensons qu'il faut absolument mettre en place une *Déclaration universelle des droits de la Terre*. Ensuite, je dois honorer une invitation du prince Charles qui s'apprête à lancer une grande opération sur le thème de l'agriculture biologique. Puis je pars à Taïwan où un important mouvement écologiste est en train d'émerger, tu en as entendu parler ? »

Page suivante : *Murali a combattu aux côtés des villageois pour la fermeture de l'usine Coca-Cola, sachant pertinemment que cette issue causerait sa ruine.*

« Guerre sur Terre »

par *Vandana Shiva*

Aujourd'hui, le mot guerre est associé à l'Irak ou à l'Afghanistan. Pourtant, la plus grande guerre qui sévit actuellement est celle menée contre notre planète. Cette guerre prend ses racines dans une économie qui ne respecte pas des limites éthiques et écologiques – des limites à l'inégalité, l'injustice, l'avidité et la concentration économique.

Une poignée d'entreprises et de pays puissants cherche à contrôler les ressources de la Terre et à transformer la planète en supermarché dans lequel tout est à vendre. Ils veulent vendre notre eau, nos gènes, nos cellules, nos organes, nos connaissances, notre culture et notre avenir.

Les guerres qui se poursuivent en Irak, en Afghanistan et ailleurs ne sont pas seulement des conflits « sang contre pétrole »[1]. Au gré de leur évolution, nous voyons qu'il s'agit de sang contre nourriture, sang contre gênes et biodiversité et sang contre eau.

La mentalité guerrière derrière l'agriculture militaro-industrielle est évidente lorsque l'on évoque les noms des herbicides de Monsanto : *Round-up*, *Machete*, *Lasso*. American Home Products, qui a fusionné avec Monsanto, donne à ses herbicides des noms tout aussi agressifs, par exemple *Pentagon* et *Squadron*. Ceci est un langage de guerre. Le développement durable, lui, est basé sur la paix avec la Terre.

La guerre contre la Terre prend naissance dans les esprits. Des pensées violentes découlent des actions violentes. Des modèles violents construisent des outils violents. Et ceci n'est nulle part plus flagrant que dans les métaphores et méthodes sur lesquelles se base la production alimentaire, industrielle et agricole. Les usines qui produisent les poisons et explosifs pour tuer pendant les guerres ont été transformées en usines fabriquant des produits agrochimiques après les guerres.

1 Allusion au programme « Pétrole contre nourriture » mis en place en Irak en 1997.

En 1984, j'ai pris conscience que notre façon de produire les aliments était terriblement néfaste. Avec la violence au Panjab et le désastre à Bhopal[2], l'agriculture ressemblait à une guerre dont l'arme était la chimie. À ce moment-là, j'ai écrit *The Violence of the Green Revolution* puis j'ai fondé Navdanya, un mouvement pour une agriculture sans poisons ni produits toxiques.

Les pesticides, qui étaient des armes chimiques à l'origine, ont échoué à contrôler les ravageurs. L'ingénierie génétique était censée être une alternative aux produits chimiques toxiques. Au contraire, cela a entraîné une utilisation accrue de pesticides et d'herbicides et provoqué une guerre contre les agriculteurs.

Les coûts élevés des aliments pour animaux et des produits chimiques piègent les agriculteurs dans un endettement et ce piège les pousse au suicide. Selon des données officielles, plus de 200 000 agriculteurs indiens se sont suicidés depuis 1997.

Faire la paix avec la Terre a toujours été un impératif éthique et écologique. C'est maintenant devenu un impératif de survie de notre espèce.

La violence faite aux sols, à la biodiversité, à l'eau, à l'atmosphère, aux fermes et aux agriculteurs engendre un système d'approvisionnement alimentaire qui ressemble à la guerre et s'avère incapable de nourrir les gens. Un milliard de personnes ont faim. Deux milliards souffrent de maladies liées à la nourriture – obésité, hypertension et cancers.

Il y a trois niveaux de violence impliqués dans le développement non durable. Le premier est la violence faite à la Terre, qui s'exprime à travers la crise écologique. Le deuxième est la violence faite aux gens, dont la pauvreté, le dénuement et les déplacements de populations sont les manifestations. Le troisième est la violence des guerres et des conflits, quand les puissants cherchent à s'approprier les ressources disponibles dans d'autres communautés et pays pour satisfaire leurs appétits illimités.

2 Explosion d'une usine chimique en 1984. Cette catastrophe fit 3 500 morts dans un premier temps, mais beaucoup plus ensuite.

Quand chaque aspect de la vie est commercialisé, tout devient cher et les gens sont pauvres, même s'ils gagnent plus d'un dollar par jour. L'argent ne rend donc pas forcément riche, car si la population a accès à la terre, si les sols sont fertiles, les rivières propres, les cultures riches et si elle perpétue une tradition en produisant de belles maisons, de beaux vêtements, une nourriture délicieuse, et s'il y a cohésion sociale, solidarité et esprit communautaire. [...]

Je crois que la « démocratie de la Terre » nous permet d'envisager et de créer des démocraties vivantes basées sur la valeur intrinsèque de toute espèce, tout peuple, toute culture – un partage juste et équitable des ressources vitales de cette terre comme des décisions sur l'utilisation de ces ressources de la Terre.

La « démocratie de la Terre » protège les processus écologiques qui maintiennent la vie et les droits fondamentaux de l'Homme qui sont la base du droit à la vie. Cela implique le droit à l'eau, à la nourriture, à la santé, à l'éducation, au travail et aux moyens de subsistance.

Nous devons faire un choix. Allons-nous obéir aux lois du marché des entreprises avides ou à celles de Gaïa pour maintenir les écosystèmes de la Terre et la diversité de ses habitants ?

Les besoins en eau et en nourriture des populations ne peuvent être assouvis que si les moyens offerts par la nature pour fournir ces ressources sont protégés. Des sols morts et des rivières mortes ne peuvent produire ni nourriture ni eau.

Défendre les droits de cette Terre-mère est par conséquent la lutte la plus importante pour les droits de l'homme et la justice sociale. Il s'agit du plus grand mouvement pour la paix de notre époque.

Vandana Shiva

Ce texte (traduit par Naomi Chambers) est extrait du discours prononcé par Vandana Shiva le 3 novembre 2010 à l'occasion de la remise du Prix pour la paix de la ville de Sydney.

Les dates-clés

de la vie de Vandana Shiva

- **1952 :** naissance à Dehradun.
- **1956 :** mort de son grand-père.
- **1963 :** entre au collège de Jésus et Marie à Dehradun.
- **1967 :** obtient une bourse pour 5 ans d'études à Chandigarh.
- **1970 :** démarre un doctorat à la Commission de l'énergie atomique (CEA).
- **1972 :** quitte le CEA suite notamment à une conversation avec sa sœur.
- **1973 :** rejoint l'université de Toronto pour étudier la philosophie des sciences.
- **1979 :** rentre en Inde après avoir terminé une thèse sur la théorie quantique.
- **1981 :** entame une étude pour le ministère de l'Environnement sur les effets de l'industrie minière qui conduira plus tard à la fermeture de dizaines de carrières.
- **1982 :** crée la Fondation de recherche pour la science, la technologie et la gestion des ressources naturelles.
- **1987 :** séminaire sur les biotechnologies à Bogève et premières initiatives pour la protection des semences en vue de la création de Navdanya.
- **1991 :** lancement d'une structure officielle pour Navdanya.
- **1993 :** reçoit le prix Goldman, plus connu sous le nom de prix Nobel alternatif.
- **1996 :** création de la ferme de Navdanya à Dehradun.
- **2001 :** victoire collective contre le semencier Rice Tech et annulation d'une grande partie du brevet déposé sur un riz basmati.
- **2002 :** création de l'université des graines.
- **2004 :** victoire collective contre Monsanto et révocation du brevet sur le blé Nap Hal.
- **2004 :** manifestation avec José Bové et Maud Barlow devant l'usine Coca-Cola de Plachimada et fermeture de cette même usine.
- **2005 :** victoire collective contre Grace et révocation de son brevet sur le margousier.

Enfance & maison de famille

Études à l'université

Mines de la vallée de Dun

Lutte contre une usine Coca-Cola

Tribunal citoyen indépendant (avril 2010)

Ferme de Navdanya

Rassemblement au site de Fort rouge (mars 1993)

Premier grand rassemblement de 500 000 paysans au Parc Cubbon (octobre 1993)

Arya Samaj : ce mouvement religieux, fondé au XIXe siècle, appelle à une réforme radicale de l'hindouisme. Il s'élève contre une pratique trop dogmatique de l'hindouisme et lutte contre le système des castes, défendant l'idée d'une société plus juste acceptant notamment l'égalité des sexes.

Banque mondiale : cet organe de l'ONU veut être une source d'appui financier et technique pour les pays en développement afin, notamment, de lutter contre la pauvreté. Ses choix rencontrent de nombreuses critiques à travers le monde. Ses détracteurs lui reprochent notamment de défendre les intérêts des multinationales et de promouvoir une idéologie ultralibérale, quitte à encourager la privatisation des biens communs tels que l'eau par exemple.

GATT : ce sigle désigne l'Accord général sur les tarifs douaniers et le commerce *(General Agreement on Tariffs and Trade)*. Ce texte, qui régit le commerce international des marchandises, a été adopté en 1947 pour favoriser le libre-échange, et notamment la spécialisation des pays dans les domaines où ils disposaient d'un avantage sur les autres (riz en Thaïlande, cacao en Côte d'Ivoire, etc.). Le respect des principes du GATT est notamment assuré par l'OMC.

OMC : l'Organisation mondiale du commerce est une institution internationale qui établit les règles auxquelles doivent répondre les échanges commerciaux entre les pays. Elle œuvre officiellement pour la fluidité et la prévisibilité des échanges. Le mouvement altermondialiste se bat précisément contre les méfaits de cette globalisation promue par l'OMC, qui se fait au détriment de nombreux pays pauvres.

Parti du Congrès : artisan de l'indépendance indienne sous l'autorité morale de Gandhi, le « Congress party » rassemblait autrefois en son sein toutes les tendances politiques. Une fois le pays libéré, les leaders du mouvement tels que Jawaharlal Nehru et sa fille Indira Gandhi exercèrent le pouvoir en défendant des idées socialistes qui se tintèrent de libéralisme avec le temps.

Mouvement Chipko : la traduction de ce mot indien suffit à expliquer l'objectif de ce mouvement. *Chipko* signifie « enlacer, étreindre les arbres ». Il désigne le mouvement antidéforestation lancé par des groupes de femmes habitant de petits villages himalayens et décrit leur mode opératoire pour défendre la source de leur subsistance : lorsque les arbres étaient menacés par une entreprise, elles les entouraient de leurs bras ou formaient des rondes autour du tronc.

Révolution verte : cette expression désigne une politique démarrant peu après l'indépendance de l'Inde (1947), destinée à moderniser l'agriculture du pays. Vandana Shiva dénonce sans relâche les conséquences sociales et environnementales catastrophiques de cette intensification de cultures vouées aux exportations. Elle a notamment consacré une étude à ce phénomène, qui est devenue un livre : *The Violence of the Green Revolution : Third World Agriculture, Ecology and Politics*, Vandana Shiva, Zed. Books, 1992.

Biblio graphie

Bibliographie non exhaustive des livres de Vandana Shiva parus en français et de ceux qu'on ne trouve qu'en anglais à ce jour :

- *Écoféminisme*, avec Maria Mies, coll. « Femmes et changements », L'Harmattan, 1999.
- *La vie n'est pas une marchandise – La dérive des droits de propriété intellectuelle*, coll. « Enjeux planète », Éditions de l'Atelier, 2004.
- *La Guerre de l'eau – Privatisation, pollution et profit*, Parangon, 2003.
- *La biopiraterie ou le pillage de la nature et de la connaissance*, coll. « Alias etc. », Éditions Alias, 2002.
- *Le terrorisme alimentaire – Comment les multinationales affament le tiers-monde*, Fayard, 2001.
- *Étique et agro-industrie – Main basse sur la vie*, L'Harmattan, 1996.
- *Staying Alive: Women, Ecology and Development*, South End Press, 2010.
- *Soil not Oil – Climate Change, Peak Oil and Food Insecurity*, Zed Books Ltd, 2009.
- *Earth Democracy: Justice, Sustainability, And Peace*, South End Press, 2005.
- *India Divided: Diversity And Democracy Under Attack*, Seven Stories Press, 2003.
- *Sustainable Agriculture and Food Security: The Impact of Globalisation*, Sage Publications India Pvt Ltd, 2002.
- *The Violence of the Green Revolution: Third World Agriculture, Ecology and Politics*, Zed Books Ltd, 1991.

Filmographie

Sélection de documentaires dans lesquels Vandana Shiva prend la parole :

- *Solutions locales pour un désordre global*, de Coline Serreau, Éditions Montparnasse, 2010.
- *Le monde selon Monsanto*, de Marie-Monique Robin, Arte France Développement, 2008.
- *Bullshit*, de Pea Holmquist et Suzanne Khardalian, 2005.
- *Un monde à vendre* (*Life running out of control*), de Bertram Verhaag et Gabriele Kröber, 2004.

Sur Internet

- Vandana Shiva sur Twitter : http://twitter.com/#!/drvandanashiva/
- Le site de Navdanya : http://www.navdanya.org/

Pages précédentes : *Les producteurs de coton biologique pratiquent la rotation des cultures en alternant notamment le soja, les haricots mungo et le coton.*

Terre vivante
l'éditeur de l'écologie pratique

1979 Terre vivante voit le jour
Des militants de l'écologie fondent à Paris l'association Terre vivante, pour proposer des solutions au quotidien.

1980 naissance des *4 Saisons du jardin bio*
C'est le premier magazine de jardinage bio en France.

1982 publication du premier livre
La petite équipe se lance dans l'édition de livres pratiques : jardinage bio, alimentation saine, habitat écologique, bien-être/santé...

1994 création d'un Centre écologique
Pourquoi ne pas montrer, grandeur nature, ce que les 4 *Saisons* et les livres décrivent ? Le Centre Terre vivante ouvre ses portes à Mens (38), au pied du Vercors.

Aujourd'hui une Scop
Le catalogue de ses titres compte environ 100 titres, le magazine *Les 4 Saisons* a trouvé sa place en kiosque et Terre vivante est devenue une Scop, entreprise coopérative.

Terre vivante
Domaine de Raud
38710 MENS
www.terrevivante.org

© www.crumbleshop.com

Déjà parus aux éditions Terre vivante

Tous écocitadins
Pédibus, cantine bio, compost de quartier...
Carine Mayo

Confidences d'un maître jardinier
80 années de jardinage naturel et ludique
Catherine de Silguy et Jacques Vallin

Jardins partagés
Utopie, écologie, conseils pratiques
Laurence Baudelet, Alice Le Roy, Frédérique Basset

Echappées vertes
Propositions pour des vacances écologiques
Lionel Astruc

Ecoquartiers en Europe
Philippe Bovet

Je fabrique mes produits ménagers
Et mon shampooing, mon savon...
Laëtitia Royant

Le guide du jardin bio
Potager, verger, ornement
Jean-Paul Thorez, Brigitte Lapouge-Dejean

Manger sain pour 3 fois rien
Avec 150 recettes bio
Claude et Emmanuelle Aubert

Rénovation basse consommation
Chronique d'un chantier écologique
Roland Dutrey

Peintures et enduits bio
Conseils de choix, recettes et mise en œuvre
Bruno Gouttry

Découvrez les autres titres édités par Terre vivante sur le jardinage biologique, l'écologie pratique au quotidien et l'habitat sain sur
www.terrevivante.org

Imprimé en région Rhône-Alpes, sur papier certifié, fabriqué à partir de pâte à papier issue de forêts exploitées en gestion durable. L'encre utilisée est à base d'huiles végétales. L'imprimerie adopte une démarche environnementale progressiste validée par la marque Imprim'vert.

Achevé d'imprimer en France par XL Print (Saint-Étienne)
N° V008405 - Dépôt légal : septembre 2011